モビリティイノベーションシリーズ ④

車両の電動化とスマートグリッド

鈴木　達也・稲垣　伸吉

編著

コロナ社

4巻執筆者一覧 <small>（執筆担当箇所）</small>

編 著 者：鈴木　達也（名古屋大学，Ⅱ編4章）

　　　　　稲垣　伸吉（南山大学，Ⅱ編5章，8章）

執 筆 者：清水　修（東京大学，Ⅰ編1～3章，Ⅱ編8章）

　　　　　藤本　博志（東京大学，Ⅰ編2章）

　　　　　道木　慎二（名古屋大学，Ⅰ編3章）

　　　　　伊藤　章（株式会社デンソー，Ⅱ編5章）

　　　　　太田　豊（大阪大学，Ⅱ編6章）

　　　　　川島　明彦（ヤマトホールディングス株式会社，元 名古屋大学，Ⅱ編7章）

　　　　　薄　良彦（大阪府立大学，Ⅱ編7章）

（2020 年 11 月現在）

刊行のことば

　人は新たな機会を得るために移動する。新たな食糧や繁殖相手を探すような動物的本能による移動から始まり，交易によって富を得たり，人と会って情報を交換したり，異なる文化や風土を経験したりと，人間社会が豊かになるほど，移動の量も多様性も増してきた。しかし，移動にはリスクが伴う。現在でも自動車事故死者数は世界で年間 130 万人もいるが，古代，中世，近世における移動に伴うリスクは想像を絶するものであったであろう。自分の意志による移動を英語で travel というが，これはフランス語の travailler（働く）から転じており，その語源は中世ラテン語の trepaliare（3 本の杭に縛り付けて拷問する）にさかのぼる。昔は，それほど働くことと旅することは苦難の連続であったのであろう。裏返していえば，そのようなリスクを取ってまでも，移動ということに価値を見出していたのである。

　大きな便益をもたらす一方，大きな苦難を伴う移動の方法にはさまざまな工夫がなされてきた。ずっと徒歩に頼ってきた古代でも，帆を張った舟や家畜化した動物の利用という手段を得て，長距離の移動や荷物を運ぶ移動は格段に便利になった。しかし，何といっても最大の移動イノベーションは，産業革命期に発明された原動機の利用である。蒸気鉄道，蒸気船，蒸気自動車，そして 19 世紀末にはガソリンエンジンを積んだ自動車が誕生した。そして，20 世紀初頭に米国でガソリン自動車が大量生産されるようになって，一般市民が格段に便利で自由なモビリティをもたらす自家用車を得たのである。自動車の普及により，ライフスタイルも街も大きく変化した。物流もトラック利用が大半になり，複雑なサプライチェーンを可能にして，経済は大きく発展した。ただ，同時に交通事故，渋滞，環境破壊という負の側面も顕在化してきた。

　いつでもどこにでも，簡単な操作で運転して行ける自動車の魅力には抗しがたい。ただし，免許を取ったとはいえ素人の運転手が，車線，信号，標識という物理的拘束力のない空間とルールの中を相当な速度で走るからには，必ずや事故は起きる。そのために，余裕を持った車線幅と車間距離が必要で，走行時には 1 台につき 100 平方メートル近い面積を占有する。このため，人が集まる，つまり車が集まるところではどうしても渋滞が起きる。自動車の平均稼働時間は 5 ％ 程度であるが，残りの時間に駐車しておくスペースもいる。ガソリンや軽油は石油から作られ，やがては枯渇する資源であるし，その燃焼後には必ず二酸化炭素が発生する。世界の石油消費の約半分が自動車燃料に使われ，二酸化炭素排出量の約 15 ％ が自動車起源である。

　このような自動車の負の側面を大きく削減し，その利便性をも増すと期待される道路交通革命がCASE化である。CはConnected（インターネットなどへの常時接続化），AはAutonomous（またはAutomated，自動運転化），SはServicized（またはShare & Service，個人保有ではなく共有によるサービス化），EはElectric（パワートレインの電動化）を意味し，自動車の大衆化が始まった20世紀初頭から100年ぶりの変革期といわれる。CASE化がもたらすであろう都市交通の典型的な変化を下図に示した。本シリーズ全5巻の「モビリティイノベーション」は，四つの巻をCASEのそれぞれの解説にあてていることが特徴である。さらに，CASE化された車を使う人や社会の観点から取り上げた第2巻では，社会科学的な切り口にも重点を置いている。

　このような，移動のイノベーションに関する研究が2013〜2021年度にわたり，文部科学省および科学技術振興機構の支援により，名古屋大学COI（Center of Innovation）事業として実施されており，本シリーズはその研究活動を通して生まれた「移動学」ともいうべき統合的な学理形成の成果を取りまとめたものである。この学理が，人類最大の発明の一つである自動車の革命期における知のマイルストーンになることを願っている。

2020年3月

編集委員長　森川　高行

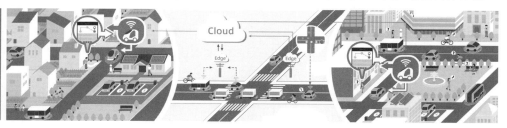

CASE化前	住宅地	道路	都心部
	個人がガソリン車を所有し使用	渋滞，事故，大気汚染	都心も渋滞し，駐車場がたくさん
CASE化後	個人は車を所有せず，シェアリングのモビリティサービスを利用　電気自動車を建物の電源としても利用　家の駐車場は家庭菜園に	つながる車で信号のない道路　電気自動車できれいな空気　自動運転で事故もなく楽ちん	ライドシェアで交通量を削減　駐車場は公園に　余った車線は緑道や自転車道に

（イラスト作成：関口　愛）

まえがき

　自動車が世の中に出た当初，電気で動くいわゆる電気自動車がガソリン自動車よりも先に普及していました。しかし，電気自動車はまもなく市場から姿を消します。当時の電気自動車は蓄電池の容量が小さく走行距離が短く，モータの出力も非力で，ガソリン自動車に比べて性能の優位性がなく，電気自動車自体は構造が簡単で扱いやすかったものの，技術発展により，ガソリン自動車が安価になり，また操作性の優位性もなくなってしまったのでした（詳しくは，モビリティイノベーションシリーズ第1巻「モビリティサービス」をご覧ください）。

　現在では，電気自動車や内燃機関と電気モータのハイブリッド車など（合わせて電動車両）が市場で復権しています。上記した技術的課題に大きな発展があり，また当時にはなかった化石燃料に伴う社会的問題が大きくなってきたためです。本書の前半（Ⅰ編）では，電動車両を復活に至らしめた最新の技術について解説します。1章では，車両の電動化が社会にもたらす影響を内燃機関と比較しながら明らかにするとともに，電動車両のシステム構成とその設計要求を説明します。2章と3章では，電動車両を構成するのに必要となる電子・電気工学の技術（エレクトロニクス）について，2章では電池や充電器，電力変換装置を，3章ではモータを，その原理から最新技術までを紹介します。

　じつは，電動車両は移動手段としての自動車本来の用途を超えた利益をもたらすものとして注目されています。電動車両はエネルギー源として電力を使うため，まかり間違えば電力系統に悪い影響を与えかねません。逆に，うまく使えば電力品質の安定化や電力の有効利用につながるということです。本書の後半（Ⅱ編）では，電動車両をエネルギーマネジメントに活用することを目的とした最新の研究について紹介します。4章では電動車両とエネルギーマネジメントの関係についてさらに深掘りします。5章では住宅やビルへの，6章では電力系統への電動車両の活用を紹介します。7章では，電動車両の新たな普及形態としてのシェアリングに着目し，その運用とエネルギーマネジメントの連携について解説します。8章では，電動車両をエネルギーマネジメントに活用する上で不可欠な，利用者による使用形態の予測問題を扱います。

　本書は電動車両自体とそれを建物や社会につなげる最新技術をまとめた珍しい内容となっています。読者とともに電動車両と社会の発展の道を歩めることを願ってやみません。

2020年10月

4巻編集委員　稲垣　伸吉

目　　　次

【Ⅰ編　車両の電動化】

1.　車両の電動化と電気動力システム

2.　電動車両のエレクトロニクス

3.　電動車両のモータとその制御

【Ⅱ編　スマートグリッドと電動車両】

4.　電動車両がもたらすインパクト

5.　Vehicle to Home, Vehicle to Building

6. Vehicle to Grid とアンシラリーサービス

7. EV シェアリングとスマートグリッド

8. 車の使用履歴とマルコフモデルを用いた車の使用予測

1 車両の電動化と電気動力システム

　本章では，電気動力システムとその背景にある車両の電動化について紹介する。本章が対象とするのは，おもに電気動力システムを構成するコンポーネントである電池，電力変換装置，動力のハードウェア，ソフトウェアの研究，開発に関わる研究者，開発者である。

　電動化というキーワードを見るといわゆる電気系の知識が必須であることは容易に想像できるが，内燃機関自動車でおもに必要とされてきた4力（材料力学，流体力学，熱力学，機械力学）の知識も欠かすことはできない。電動化によりモビリティの構造は簡素化され，部品も減る可能性があるが，電動モビリティの研究開発に携わる研究者，開発者に求められる知識の幅は広くなると考えてよいだろう。また，内燃機関と比べ，電気機器はモデル化が進んでいるため，モデルベース開発（model based development，MBD）をしやすく開発のスピードも自然と向上していく。その開発のスピードに追いつくためには素早く，正確な判断が必要であり，その基盤となるのは先にも述べた4力を含めた基礎知識である。また，ハードウェアだけではなくソフトウェアの知識も必要になる。そのため，モビリティの簡素化とは対照的に，研究・開発者にはより多くの知識が必要になり，それらを総合的に駆使できるようになることが重要である。

　モデルベース開発においては正確なモデルが必要になり，FEM（finite element method）を用いた解析モデルを使用することが精緻なシミュレーションには重要であるが，精緻であるがゆえに人間の頭で理解することは困難である。自らの専門分野でなければほぼ理解できないものとなっているだろう。そこで，簡易なモデルを用いておおよその電動車両のもつ性質を捉えることで，得られた解の妥当性を素早く判断することが可能になる。おおよその電動車両のもつ性質を理解することで，自らの担当するコンポーネントが他者に与える影響を考慮できる，もしくは他のコンポーネントが自らの担当するコンポーネントに与える影響を考慮できるようになり，システムとしての最適解に近づけることができる。

　本章では，電気動力システムを俯瞰できる視点を養うことを第一の目的として，まず電動化によるさまざまな変革について述べ，その後電動化のシステムを紹介し，電動車両への要求，それを実現するためのシステム設計法，各コンポーネントを設計するために必要な要求について紹介する。

1.1　電動化のインパクト

　車両の電動化によってもたらされる変革は大きく三つある。エネルギーの変革，駆動システムの変革，人々の生活の変革である。本編で扱う電動車両は電動機（モータ）によって走行する車両である。内燃機関を搭載していても走行に使用しない場合には電動車両として扱う。

　内燃機関自動車は1800年代の終わりに発明され，産業構造も含めその後の人々の生活に大

きく変革を及ぼした。電動車両も歴史としては長く，一時は内燃機関自動車を超える勢いで普及が進むかと思われたが内燃機関自動車に市場を奪われ，発明から今日まで大規模な市場化には至っていない[1]†1。当初は馬車からの置換えという用途で注目され，自動車であることが最も大きなインパクトであり，電動化のインパクトは内燃機関自動車と比較しても大きくなかった。なぜなら，現在国際的に大きな環境問題とされる温室効果ガスによる地球温暖化や資源・エネルギーリスクなどの，内燃機関自動車が大量普及した際に起こる問題を予期することができなかったためである。そして，現在の電動化によってもたらされる，最も期待されるインパクトはエネルギーの変革である。

　エネルギーの変革により，二酸化炭素の排出量削減ができる。2016 年度の日本における二酸化炭素排出量は運輸部門が 17.4 %（2 億 1 300 万トン）を占めており[2]，そのうち，自動車が占める割合は 86.1 %（1 億 8 300 万トン）である†2。つまり，自動車によって排出される二酸化炭素の量は日本における二酸化炭素排出量全体の 15 % ということになる。これを減らすためには既存の内燃機関自動車の燃料消費率の改善では限界があり，ブレイクスルーするためには車両の電動化が必須となる。車両の電動化による二酸化炭素排出量の削減率は式（1.1）～（1.3）を使用して算定する。ここでは，電動車として電気自動車を代表して使用する。燃料消費率は C_f〔l/km〕，ガソリンの燃焼にかかる二酸化炭素排出量率は E_{gas}〔g-CO$_2$/l〕，ガソリンの精製にかかる二酸化炭素排出率は E_{rif}〔g-CO$_2$/l〕である。また，電力消費率は C_e〔Wh/km〕，発電にかかる二酸化炭素排出率は E_{gen}〔g-CO$_2$/Wh〕である。

　内燃機関自動車による二酸化炭素排出率：E_{int}〔g-CO$_2$/km〕

$$E_{int} = \frac{C_f(E_{gas} + E_{rif})}{C_f} \tag{1.1}$$

電気自動車による二酸化炭素排出率：E_{ele}〔g-CO$_2$/km〕

$$E_{ele} = C_e E_{gen} \tag{1.2}$$

電気自動車化による二酸化炭素排出量削減率：R_{red}

$$R_{red} = \frac{(E_{int} - E_{ele})}{E_{int}} \tag{1.3}$$

　ここで，**表 1.1** に示した値を用いて削減率 R_{red} を算出すると，電動化によって実現できる二酸化炭素排出量の削減率は内燃機関自動車と比較して 70 % を超えることがわかる。

　内燃機関自動車ではエネルギー源はほぼすべてが原油（ガソリン，軽油）であったが，車両の電動化によりエネルギー源を多様にすることができるため，火力発電から太陽光や風力等の再生可能エネルギーによる発電への転換により，さらなる二酸化炭素の削減が期待できる。裏を返せば，車両を電動化すると発電の再生可能エネルギーへの転換が運輸部門の二酸化炭素排

---

†1　肩付き数字は章末の引用・参考文献を示す。
†2　環境省が温室効果ガスインベントリオフィスで公開している温室効果ガス排出量のデータおよび国土交通省の交通関係統計等資料で公開している「自動車輸送統計調査」，「内航船舶輸送統計調査」，「航空輸送統計調査」，「鉄道輸送統計調査」のデータを基に作成した値。

表 1.1 各パラメータ値

パラメータ	値
C_f	15.6 〔l/km〕
E_{gas}	2 322 〔g-CO_2/l〕
E_{rif}	541 〔g-CO_2/l〕
C_e	114 〔Wh/km〕
E_{gen}	0.474 〔g-CO_2/Wh〕

出量削減に直接つながるようになるということである。2020 年時点では再生可能エネルギーによる発電率が高い北欧諸国では電動車両の普及率は順調に伸びており，特に水力発電の割合の高いノルウェーでは新車販売台数の半数以上が電動車両となっている。電動車の購入に対して補助金を提供するなどの施策も後押しをしている側面もあるが，すでに内燃機関から電動化への転換が始まっており，市場にも受け入れられる可能性があるということを示している。

　また，原油は採掘地が限られているため，採掘できない地域ではつねにエネルギーの供給リスクが存在することになる。しかし，電力は火力だけでなく，太陽光，風力，水力等，さまざまなエネルギー源を選択可能である。得られるエネルギーは小さいが，再生可能エネルギーは地球上のどの場所でも利用可能なため，エネルギーリスクという点でも電動車両は内燃機関自動車に対して優位である。

　蓄電池を搭載している電動車両は車両に搭載している蓄電池を用いて，蓄電池への充放電を制御することによって電力需要のピークカットによるエネルギーの効率的利用や，電力系統の安定化をすることにも利用できる。その観点でのエネルギーの変革についてはⅡ編にて詳しく解説する。

　駆動システムの変革については 1.2 節で詳細を述べるが，まずここで概要を紹介する。電動車両は用途によってさまざまなシステム構成を選ぶことができる。駆動源として蓄電池や燃料電池，内燃機関による発電を選択できる。しかし，いずれの電動車両の最も大きな技術的課題の一つが一充電当りの航続距離である。蓄電池のみで走行する電動車両（電気自動車）を例にとると，現在市販されている電気自動車のほとんどが内燃機関自動車と比べて 1/2 〜 1/3 程度の航続距離である。その理由は 2020 年時点のリチウムイオン電池の体積エネルギー密度（約 300 〜 600 Wh/l）とガソリンの体積エネルギー密度（約 9 300 Wh/l）を比較すると歴然である。そのため，必然的に燃料タンクと比べて大容量の電池を積載することが必要である。また，単純に電池を倍積めば倍の距離を走る車ができるわけではない。電池容量を大きくすると電池の重量増による車体重量の増加，および，それらを支える構造材の強化による重量増が起こる。そして車体が重くなることによって，駆動力がより多く必要になりモータやインバータ，ドライブシャフトといった駆動系の部品も重くなる。すると，走行に必要なエネルギーが増え，航続距離がますます縮まり，さらに多くの蓄電池を搭載することが必要になるという悪循環が起こる。逆を返すと，電池の重量当り，体積当りの容量を大きくすることにより，電池

容量を変えずとも航続距離を延ばすことができる。リチウムイオン電池はその部品としての寿命や安全性の観点から下限電圧や上限電圧を超えないように制御しているため，制御をより精緻に正確にすることにより，ソフトウェアを変えることで航続距離を延ばすことができる。車両のマイナーチェンジ時に駆動性能や車体重量が変わっていないのに航続距離が延びるというのは上記の理由も大きな割合を占めているため，ソフトウェアの開発は今後ますます重要視されるだろう。

　駆動システムの変革は車両の作り方にも大きく影響する。内燃機関自動車では内燃機関が車両で最も重い部品であったためフロントの重量が重くなっていた。それに対して電気自動車では床下や後部座席の後ろなどに重量物である電池を積載できるため，低重心かつ前後重量配分のバランスのよい車両を容易に設計することができるようになる。さらに，内燃機関では燃料供給や冷却システム，排気等の問題から，駆動用の内燃機関を1台の車両に複数台使用することはできず，一つの内燃機関の駆動力を配分する方法をとっていたが，モータは分割して配置することができる。このことによっても大きな恩恵を得ることができる。詳細については1.2節にまとめている。

　そして，最後に人々の生活への変革である。馬車から自動車への変革ほど大きな変革ではないものの，排気音による騒音に悩まされることもなくなり，幹線道路の近くでも排気ガスがなくなる。地球規模の問題ではないが，2020年時点で北京やムンバイなどの交通が過密状態にある都市では，内燃機関自動車の排気ガスによる大気汚染は人々の健康被害を及ぼす大きな問題となっている。電動車は自動車の排気ガスによる大気汚染を根本的に解決できる手段として期待されている。

　身近な変革としては，給油という作業から解放されるということが挙げられる。2020年現在の自動車の蓄電池への充電は大部分が接触式であり，内燃機関自動車と手順は大きく変わらないが，ガソリンスタンドに行かなくなるというだけでも大きな変革である。給油に要する時間が減るということになるため，電動車の大きな魅力の一つといってよいだろう。今後，非接触式の充電器が主流になるとエネルギーを充填するという作業すべてが不要になる。さらに，給油が不要になるとガソリンスタンドも不要になる。ガソリンスタンドは平均して1件当り約250坪（約830 m²）の面積を使用[3]している。例えば，4人家族の誘導居住面積水準が125 m²であること[†]を考えるとガソリンスタンド1件当り，6件 × 4人 ＝ 24人の住宅用の土地を提供できることになる。

　ここに挙げた電動化のインパクトは一部であり，現在想定していないような変革をもたらす可能性もある。しかし，100年前の馬車から自動車への転換よりも大きなインパクトを個人への恩恵としてすぐに与えることは難しいため，電気自動車に対してはより高い開発の目標を掲

[†]　国土交通省が定めた，豊かな生活を実現できるために必要として考えられる水準。2013年の調査では40.8 % の人口がこれに満たない水準で生活をしている。

げられることは容易に想像でき，開発者や研究者はその高い目標を実現できる力を身に付けなければならない。また，電動化によって生まれてくる新たなサービスや新たな価値を考え，生み出すためにもまずは電動化の基礎となる知識を身に付けることが重要である。

1.2　電動車両のシステム構成

　本編で扱う電動車両はモータで駆動して走行する車両と定義する。内燃機関の動力を発電に使う，もしくは電池残量が少なくなった場合のみに内燃機関を一時的に走行に使用するものも電動車両として扱うこととする。ここではまず電動車両のシステムの紹介をした後に，電気自動車を例にとってシステム設計の手法を紹介する。

1.2.1　電動車両と内燃機関自動車のシステム構成比較

　電動車両の動力源は電力であり，動力はモータである。英語の motor という言葉には内燃機関という意味が含まれることもあるが，日本語で表記するモータは電動機のことを表し，電気を動力源として動くものすべてをモータという。車載用のモータはモータのなかでも電力を回転運動に変換する回転機である。電動車両と内燃機関自動車のシステムの違いはまず動力源の違い，そして動力の違い，さらにそれらの変化によって周辺部品にも違いができてくる。ここではまず内燃機関の駆動形式を紹介した後に，電動化による違いを紹介する。

　内燃機関自動車の駆動形式は下記のように分類される。

① FF（フロントエンジン・フロントドライブ）

② FR（フロントエンジン・リアドライブ）

③ MR（ミッドシップエンジン・リアドライブ）

④ RR（リアエンジン・リアドライブ）

⑤ 4WD，AWD（四駆，全輪駆動）

特殊な用途のレース車両などでは一つの車体に 2 機のエンジンを搭載することがあるが，一般的にはどのシステムも一つのエンジンで駆動し，力を車輪に配分するという方式をとっている。多数のエンジンを搭載するよりも一つの大きなエンジンを使って動力分配をしたほうが費用・効率等が優れるということが理由になる。その最も大きな技術的要因は，エンジンには排熱のためには大きな熱交換器や排気系部品，変速機が必要になるため，二つに分けることで部品点数が非常に多くなることである。

　FF や RR ではエンジンの搭載位置と車輪が近いため，エンジンからの軸出力はトランスミッションを介してドライブシャフトで行い，車輪に動力を伝える。一方，FR や MR，4WD ではプロペラシャフトという動力伝達用のシャフトを車体前後に通して，動力を各車輪に配分している。2020 年現在では一般的には FF の車両が最も多く，他のシステムは一部の高級車やスポーツカー等，嗜好や用途によって採用をされている。FF の車両が多い理由は軽量化と室

内空間の確保，旋回性能の両立を目指した結果によるものである。FR や MR，4WD にはプロペラシャフトとそれに付随する部品が必要になるため大きな重量増と室内空間の削減につながる。そのため大きな車両や乗員の少ない車両に採用されることが多い。また，エンジンの配置は旋回性能に大きな影響を与える。エンジンは内燃機関自動車において最も重量の重い部品である。そのため，エンジンの配置が車両の前後重量配分に大きな影響を与える。旋回時にリアが重い場合はオーバーステア，フロントが重い場合にはアンダーステアとなる。オーバーステアとはステアリングを操舵中にタイヤに駆動力をかけた際に車両の旋回量が大きくなることをいい，アンダーステアとはタイヤに駆動力もしくは制動力がかかっているときにステアリングの操舵量に対して車両の旋回量が小さくなることをいう。アンダーステア傾向の車両は高速走行時にアンダーステアとなるが，ドライバが危険だと感じた場合にアクセルを離すと，車両は減速し，旋回半径は小さくなるため，危険回避の通常の動作をすることで旋回性能がドライバの意図した方向に回復するが，オーバーステアの場合はドライバが危険を感じてアクセルを離すことで，減速をして旋回をしやすくなるため，ドライバの意図とは異なる方向に車両が動くこととなる。危険回避にはアクセル操作を適切に行うこととハンドル操作の二つの動作をドライバが同時に行うことが必要になる。多くのドライバは車両の運動特性を理解しないで運転するため，FF のほうが旋回性能として安全である。

　つぎに，電動車両のシステムを紹介する。電動車両のほうがより設計の自由度が高いため，電動車両も内燃機関自動車と同様の構造をとることができるが，必ずしも内燃機関と同様の構造にする必要がない。電動車両の設計自由度の高さはモータとエンジンの違いによるものが大きい。

　モータはエンジンに比べ損失が 10 分の 1 程度であるため，排熱に必要な部品が簡素化できる。また排気がないため，排気に関わるマフラー等の部品はすべてなくなる。そして，エンジンは回転数によってトルクがほぼ一意に決まることに対して，モータは形式によって変わるが，基本的に最大出力がモータの最大トルク以下のときを除いて，どの回転数でも 0 Nm からモータの最大トルクまで出力が可能である。そのため，必ずしも変速機を使用する必要がない。また，排熱部品が簡素化され，排気系部品がなくなることで動力の分割配置が容易になる。

　動力の分割配置が可能になると，4WD の内燃機関自動車で使用していたプロペラシャフトを使わずに，フロントとリアに分けてモータを配置することで 4WD を実現できるようになる。また，さらに動力を小型化し，ホイール内に収めるインホイールモータという手法も提案されている。内燃機関自動車の 4WD と電動車両の 4DW は 4 輪を駆動するという同じシステムであるが，動力の違いによって大きな違いが生まれてくる。動力をそれぞれの車輪に配置することにより，従来，制動方向にしかそれぞれの車輪を制御できなかった車両運動制御が駆動方向にも制御できるようになるため，より広い範囲の力の制御が可能になる。これにより，よりタイヤのスリップやスピンのしにくい車両ができ，走行安定性の向上ができ，さらに最小回転半径の低減，操舵力の低減も実現できる。また，電動車両の動力であるモータは内燃機関と

比べて入力から軸出力までの応答時間が100分の1程度まで短くなるため，制御性が格段に向上する。さらに，インホイールモータを用いると，上記の利点に加え，ドライブシャフトがなくなることにより，バックラッシュや低周波の機械的な共振を無視することができ，より高応答な制御を実現可能になる。

車体の前後重量配分の観点からも電動車両の設計自由度は高くなる。内燃機関自動車の最も重い部品であった内燃機関がなくなり，モータに置き換わることにより軽量化がなされる。内燃機関自動車では内燃機関の搭載位置が車体の前後重量配分に大きな影響を及ぼしていたが，その影響が小さくなる。内燃機関がない代わりに電池の重量が重くなり容積も大きくなるが，電池は分割配置が可能であるため，配置の自由度は高い。電動車両が内燃機関自動車と同じ航続距離を実現するためには大量の電池を搭載する必要があるため，車体重量は重くなるが，前後重量配分の設計においては有利である。

1.2.2 電動車両のシステム構成比較

電動車両は動力の配置だけでなく，動力源である電池の種類も変わる。ここではおもな電動車両の構成として，BEV（battery electric vehicle），PHEV（plug-in hybrid vehicle），REV（range-extended electric vehicle），FCV（fuel cell vehicle）を紹介する。

〔1〕 BEV

BEV とは，二次電池を動力源とした電動車両である。日本語では電気自動車と呼ばれることがある。二次電池のみを動力源とするため，充電器より充電して走行をすることとなる。

BEV のシステム概要を図1.1に示す。BEV の利点はシステムのシンプルさにある。二次電池，DC-DC コンバータ，インバータ，モータという構成で動力が完結している。DC-DC コンバータは必ずしも搭載が必要ではないが，搭載することによる利点については後述する。システムがシンプルであるということはエネルギーのロスが少ないということであり，発電から走行までかかるエネルギー効率（well to wheel）がよい。また，部品点数が少なくなることにより，開発にかかるコストを小さくできる。それぞれのコンポーネントのモデル化が進んでいるため，モデルベース開発に適した構成ともいえる。

BEV の課題は電池の容量がガソリンに比べて小さいことによる一充電当りの走行距離，す

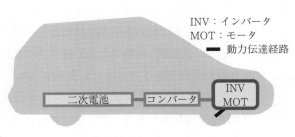

INV：インバータ
MOT：モータ
━ 動力伝達経路

二次電池 — コンバータ — INV MOT

図1.1 BEV のシステム

なわち航続距離である。航続距離を向上させるためには走行にかかるエネルギーを減らすことと，電池容量を向上させる両面での改善が必要である。

　電池容量を増やすためには，単位密度当りの電池容量である容量密度を向上させることが重要であるが，容易でないため，電池の搭載量を増やすことで対応する場合が多い。しかし，**図1.2**に示すとおり，電池の搭載量を増やすと車体重量が増し，強度向上のためフレームの重量も増える。すると，車両を移動するために必要なエネルギーが増し，駆動系部品の出力が必要になり，それに応じて部品が大きく，重くなる。そして，さらに車両が重くなり，電池の搭載量が増えるという負のスパイラルに陥る。電池の大量搭載は走行にかかるエネルギーを減らすことに反する戦略であるため，まずはどれだけ走行にかかるエネルギーを減らすことができるかがBEVの開発においては重要である。

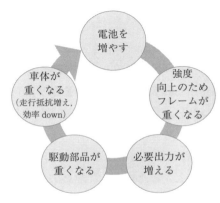

図1.2　BEVの負のスパイラル

　BEVの電池として，リチウムイオン電池を利用したものが多い。リチウムイオン電池は出力密度を向上させると容量密度が下がる。出力密度は充電の速さに影響し，容量密度は航続距離に影響する。航続距離を伸長するために充電の速さをトレードオフに航続距離を延ばすという設計がなされた車両が多いが，今後，3章で紹介する超急速充電のような高い充電特性を求められる技術が実用化されると充電特性のよい二次電池が求められる可能性もある。

〔2〕　PHEV

　PHEVとは，二次電池と内燃機関による発電を動力源とした電動車両である。BEVに比べて小さな二次電池を搭載している。内燃機関での走行も行うため，パラレルハイブリッド車の一種として扱われることもあるが，PHEVは世界各国で電動車として扱われ，2020年現在，税制優遇の対象となることがあるため，本書では電動車として扱う。パラレルハイブリッド車との違いは電池容量と外部電源での充電が可能な点である。PHEVのシステム概要を**図1.3**に示す。

　PHEVは電池残量（state of charge，SOC）や速度，アクセル開度といった走行状況に応じて走行モードを遷移する。SOCが十分にあり，モータの効率がよい低速域でモータの最大出力を

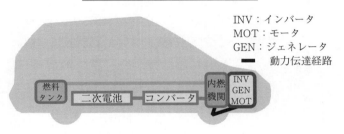

INV：インバータ
MOT：モータ
GEN：ジェネレータ
━━　動力伝達経路

図1.3　PHEVのシステム

超えない範囲であればBEVと同様に二次電池に蓄えられたエネルギーを用いて走行する。外部電源からの充電が可能であるため，短距離の移動であればBEVと同様の使用が可能であり，走行自体による二酸化炭素の排出はない。一方で，SOCが低下してくると内燃機関が作動し，内燃機関の軸上に取り付けられた発電機（ジェネレータ）で発電をしながらモータで走行する。このときのジェネレータは内燃機関が最も効率よく発電できる回転数で動作するようになっている。SOCがある一定以上になると内燃機関を停止し，二次電池のみを使用しての走行となり，内燃機関のON-OFFを繰り返しながら走行する。SOCが十分にあっても，高速走行時には内燃機関で走行する。その理由は高速走行時には内燃機関の効率がよく，モータの効率が悪いためである。モータ効率の詳細については3章で述べる。さらに，低速でも加速力がほしい場合には内燃機関とモータの双方を使用して走行することもある。

　PHEVの利点は航続距離である。内燃機関を発電機として搭載しているため，内燃機関自動車と同等の航続距離を得ることができる。さらに，短距離走行においては内燃機関を使用しなくてよいため，環境負荷も小さくできる。BEVの航続距離に対する解決手段の一つといえる。

　PHEVの課題はシステムの複雑さにある。二次電池，DC-DCコンバータ，インバータ，モータに加え，内燃機関とそれに付随する排気系などの部品，ジェネレータ，走行モードを変えるクラッチ等BEVと比較すると多くの部品が必要になる。部品コストが高くなることに加え，制御も複雑になるため，開発にかかるコストが格段に大きくなる。内燃機関を搭載するという要件から既存の自動車メーカ以外が参入するには高いハードルがある。システムの複雑さそのものが課題であるため，コンポーネントのブレイクスルーによってPHEVが飛躍的に性能向上するということができないということも課題であるといえる。

〔3〕　**REV**

　REVとは，二次電池と内燃機関による発電を動力源とした電動車両である。PHEVとの違いは，REVの内燃機関は走行には使用せず発電のみに使用する点である。また，シリーズハイブリッドとの違いは電池容量と外部電源での充電が可能な点である。

　REVのシステム概要を**図1.4**に示す。PHEVのシステム（図1.3）との違いは，REVは内燃機関を発電のみに使用し，車両の動力として使用しない点である。そのため，REVの車軸に伝わる動力はつねにモータ出力である。

　SOCのみによって内燃機関の動作を決定できることやジェネレータのみに内燃機関の動力

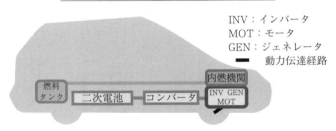

図 1.4　REV のシステム

を供給するため，車輪への動力分配をする必要がなく，PHEV と比較すると制御，構造が簡素である。そのため部品点数が少なくなり，開発と車両にかかるコストを小さくできる。特に，内燃機関の燃焼の適合にかかる時間が非常に短くできることが開発工数削減に大きな効果がある。しかし，それでも REV の課題はシステムの複雑さにある。二次電池，DC-DC コンバータ，インバータ，モータに加え，内燃機関とそれに付随する排気系などの部品が付随する点においては BEV と比較すると多くの部品が必要になる。PHEV よりは適合にかかる時間が短くできるとはいえ，内燃機関を開発すること自体に大きな工数，技術が必要であるため，内燃機関を作っていない新興の企業にとっては開発困難なシステムである。

〔4〕　**FCV**

FCV とは，燃料電池（fuel cell，FC）を動力源とした電動車両である。燃料電池は水素と酸素を結合させることにより水の電気分解と逆の作用を起こすことにより電力を得ることのできる電池である。そのため，走行するときに排出されるのは水素と酸素を結合した後に生成される水のみである。電池という表現をしているが，発電に近い作用である。FCV と BEV の違いは電池のみであり，BEV の蓄電池部分が燃料電池に置き換わったものが FCV である。その他の動力であるモータや DC-DC コンバータ，インバータは基本的に同じ構造のものが使用可能である。

FCV のシステム概要を**図 1.5** に示す。燃料電池は水素を供給する水素タンクと発電を行うスタックで構成されている。スタックはできる限り発電効率のよい負荷で発電をしたいため，二次電池も併用して負荷の小さいときには発電と休止を繰り返しながら発電をする。休止の際の一時的な補助電源として二次電池を用いている。スタックを内燃機関と見立てると REV に

図 1.5　FCV のシステム

近い動作をしているともいえる。

　燃料電池を使用するための水素はタンクに充填して使用する。水素は気体であるため，密度が低く，高いエネルギー密度を得る場合には圧縮が必要になる。圧縮すればするほど電池の体積エネルギー密度を向上することができるため，できる限り高圧で貯蔵することが望ましい。しかし，充填の際に圧縮するエネルギーが必要になることと，その圧縮に耐え得る容器が必要であること，また漏洩時の安全性の観点等から自動車用のタンクの圧力は，2020 年現在，85 MPa が上限として標準化が進んでいる。水素タンクは水素脆性が起こるため，金属が使用できない。一方で，樹脂のみを使用すると高圧に耐えられないため，樹脂の容器にカーボン繊維を巻き付けたもので構成される。

　スタックは多くのセルで構成されている。一つのセルでは出力，容量が不足するため，それらをつなぎ合わせ，一つのパッケージとしたものがスタックと呼ばれる。二次電池の場合はモジュールという呼び方になる。セルは電池としての最小単位である。燃料電池のセルの構造の概要を**図 1.6** に示す。

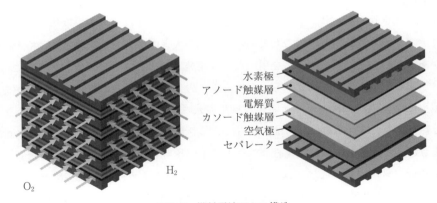

水素極
アノード触媒層
電解質
カソード触媒層
空気極
セパレータ

O_2　　H_2

図 1.6　燃料電池のセル構造

　燃料電池の形式としては，リン酸形（phosphoric acid fuel cell，PAFC），溶融炭酸塩形（molten carbonate fuel cell，MCFC），固体電解質形（solid oxide fuel cell，SOFC），固体高分子形（polymer electrolyte fuel cell，PEFC）が挙げられる。このなかで電動車用として使用されているのが固体高分子形である。図 1.6 に示したセル構造は固体高分子形の構造である。他の形式では作動温度が 150℃ 以上であることに対して，固体高分子形の燃料電池は常温で起動可能なため，起動時間までの時間を短くできる。また，作動温度が低いので高耐熱の材料を使用する必要がなくコストという点も利点である。一方で，温度上限が低いため，放熱器を取り付け温度管理が必要である。また，電解質が薄い膜で構成されるため，セルの小型軽量化が可能であるということから，電動車両に使用することに最も適しており，電動車に採用されている。

　燃料電池は水素極（燃料極），空気極の二つの電極と，それら二つの電極に反応を助ける触媒層，そして反応をする電解質が用いられている。電極と触媒層を合わせて一つの電極という表

現をすることもある。燃料電池の起電圧は水素と酸素の反応速度の大きさによって決まるため，触媒の構造が重要である。また，固体高分子形の燃料電池では触媒は高価な白金（Pt）を使用するため，コストダウンの観点からもより少ない量の白金で反応を促すことができる触媒の開発が重要である。

1.2.3　電動車両のシステム設計

　ここでは電動車両のシステム設計として BEV を例に挙げて解説する。電動車両に限らず，自動車のシステム設計を行う際に初めに行うことは性能目標を立てることである。本章でいう性能目標とは走行性能の目標とする。ここでは自動車の基本動作である「曲がる・止まる・走る」のうち，「走る」の部分のみを解説するということである。

　システム設計の手順としては ① 車両体格の決定 ⇒ ② 走行抵抗の定義 ⇒ ③ 走行性能目標の設定 ⇒ ④ タイヤの選定 ⇒ ⑤ システム最大電圧と電池電圧の設定 ⇒ ⑥ 電池容量の設定となる。

①　車両体格の決定

　車両体格とは車両のセグメントのことである。セグメントとは，車両を車体の大きさを基準としてカテゴリー分けした基準のことである。車両の大きさはおおよその車体価格や排気量とも相関があるため，統計調査やそれを用いた車両開発，およびマーケティングの際に，車両を大きく分類するために使用されている。ただし，この分類は普通乗用車のための分類であるため，大型車や小型の次世代モビリティには適用されない。基本的なセグメントには A から E までの分類があり，ほとんどの車両はそれらに分類される。E より大きなサイズの車両は F として定義されるが，各メーカの最高級グレードの車両程度しか存在しないため，台数としては非常に少ない。日本でいうと A は軽自動車，B はコンパクトカー，C は小型セダン・ハッチバック，D はミドルクラスセダン・ワンボックス，E は高級車というイメージである。また，最近では C と D に分類される車両が多くなったため，従来の C と D の間に位置する CD セグメントも設けられている。場合によっては BC セグメントという表現を使用することもある。

　小型の SUV は C に，大型の SUV は D に分類される。**表 1.2** にセグメントの定義をまとめる。ホイールベースで定義しているセグメントの分類も存在するが，多くは車両全長によって

表 1.2　車両のセグメント分類

セグメント	車両全長〔mm〕
A セグメント	～ 3 750
B セグメント	3 750 ～ 4 150
C セグメント	4 150 ～ 4 400
CD セグメント	4 400 ～ 4 600
D セグメント	4 600 ～ 4 800
E セグメント	4 800 ～ 5 000

定義される。

　車両のセグメントを決定すると，おおよその車体重量を決定することができる。最初にセグメントから考えるのは，車両開発においてセグメントはデザインやマーケティングといった直接開発に関わらないグループとの共通言語であるためである。車体重量は各コンポーネントの総合であるため，最終的にはトップダウン的に詳細を決めることはできないが，開発目標を定めないと各コンポーネントの設計に至ることができないため，初めに目標を設定する。セグメントに対するおおよその車体重量を**表1.3**にまとめる。表1.3はセダンタイプを基準として考えているため，アッパーフレームの構造や装備が大きく異なるワンボックスカーやSUVの場合は，表1.3の値に100 kg程度増量して考えるとよい。

表1.3　セグメントに対する車体重量

セグメント	代表車体重量〔kg〕
A セグメント	850
B セグメント	1 050
C セグメント	1 250
CD セグメント	1 350
D セグメント	1 550
E セグメント	1 800

　さらに，2020年現在の電動車両と内燃機関自動車の差分を考慮する必要がある。CDセグメントのセダンタイプの代表的なBEVと代表的な内燃機関自動車の比較をすると約250 kg，19％の重量差がある。そのため，BEVとする場合は19％増量する必要がある。電動車のセグメント別の車体重量を**表1.4**にまとめる。BEVの重量増の要因はバッテリ重量であるため，バッテリのエネルギー密度が向上するとBEV化による重量増の割合は減るため，技術の進歩とともに重量増の割合は変わってくる。表1.4も表1.3同様にセダンタイプを基準として考えているため，アッパーフレームの構造や装備が大きく異なるワンボックスカーやSUVの場合は，表1.4の値に100 kg程度増量して考えるとよい。

表1.4　セグメントに対する
BEVの車体重量

セグメント	代表車体重量〔kg〕
A セグメント	1 010
B セグメント	1 250
C セグメント	1 490
CD セグメント	1 600
D セグメント	1 840
E セグメント	2 140

② 走行抵抗の定義

　走行抵抗とは車両を走らせるときに発生する抵抗である。おもにタイヤの転がり抵抗と車体の空気抵抗によるものである。

　タイヤの転がり抵抗とはタイヤが回転する際に発生する抵抗であり，おもにタイヤの荷重変化による時間的な変形により生まれるものである。抵抗は熱として消費されるため，タイヤの温度は走行中に上がる。レース用の車両が試走時に蛇行運転するのはタイヤの変形を大きくして転がり抵抗を増やし，タイヤの温度を上げるためである。タイヤの転がり抵抗は加重と相関があるため，転がり抵抗係数（rolling resistance coefficient，RRC）という尺度を用いて評価される。転がり抵抗 F_{tire}〔N〕とカタログスペック上のタイヤの転がり抵抗係数 RRC_{tire} の関係を式（1.4）に示す。W_{tire}〔kgf〕はタイヤにかかる接地面に対して垂直方向の荷重である。

$$F_{tire} = \frac{RRC_{tire}}{100} W_{tire} \tag{1.4}$$

　市販タイヤの RRC にはグレーディングシステムが採用されており，タイヤによって等級が定められている。転がり抵抗の計測は標準化されており，日本の規格は JIS D 4234：2009，国際規格は ISO 28580：2009 である。グレーディングには双方の規格に準拠した計測値を用いている。表1.5 に RRC の等級を示す。詳細な値は不明であるが，最高等級で 6.5 程度であり等級間の幅が 1.1 であることから市販タイヤの性能は最高でも，5 程度であると考えらえる。

表1.5　タイヤの RRC 等級

RRC	等級
RRC ≦ 6.5	AAA
6.6 ≦ RRC ≦ 7.7	AA
7.8 ≦ RRC ≦ 9.0	A
9.1 ≦ RRC ≦ 10.5	B
10.6 ≦ RRC ≦ 12.0	C

　車体の空気抵抗 F_{air}〔N〕は式（1.5）によって表される。ρ〔kg/m³〕は空気密度であり，S〔m²〕は車両の前面投影面積，C_d は Cd 値と呼ばれる無次元の空気抵抗係数，v〔m/s〕は車速である。

$$F_{air} = \frac{1}{2} \rho S C_d v^2 \tag{1.5}$$

　前面投影面積とは車両を正面から見たときの面積である。車速と空気密度は変わらないため，空気抵抗を減らすためには前面投影面積と Cd 値を減らすという設計が必要になる。前面投影面積は車室内の空間との関係からあまり大きく減らすことができないため，走行抵抗を減らすためには Cd 値を下げることが重要になる。市販車の Cd 値は 0.25 〜 0.3 程度である。Cd 値が大きくなる理由は車体近傍の空気の流れが層流になっており，空気の境界層剥離が起

こり，大きな乱れが起こるためである。層流と乱流というと層流のほうが空気抵抗を削減できそうであるが，大きな乱れを起こさないために小さな乱れ（乱流）を作り，結果的に空気抵抗を下げるということが重要になる。境界層剥離を防ぐために微小な凹凸や整流板を設けるという設計がなされることもある。

おもな車両の走行抵抗はタイヤの転がり抵抗と車体の空気抵抗であると解説したが，ブレーキディスクがブレーキパッドに接触することによる摩擦抵抗やハブベアリングの転がり抵抗，シャフトに使用されるシール類の摺動抵抗，ギアの撹拌抵抗も存在するため，タイヤの転がり摩擦抵抗と空気抵抗のみを考慮すればよいわけではない。そこで，実際の走行抵抗の計測手法について解説する。

車両の走行抵抗としては従来，車両の速度を使用する惰行法とホイールトルク計を使用するホイールトルク法があった。燃費を評価する走行モードとして WLTC モードが採用されたことを受け，現在は風洞法も走行抵抗試験の手法として認められているが，試験機関によって設備の認可を得るために惰行試験の結果と比較し，誤差が小さいことを証明する必要がある。WLTC モードの詳細については後述する。ここでは，高額な設備導入の必要がなく，研究者が比較的容易に自ら試験を行うことができる惰行試験についてのみ解説を行う。詳細は新型車の認証に使用される交通安全環境研究所が定める自動車の評価基準である TRIAS に記載があるため，ここでは要点と実際に使用する計測器について解説する。惰行試験とは車両の速度を上げて，その速度から惰行（動力が OFF の状態）した時間によって走行抵抗を求める手法である。正確に車両の速度を知る必要があるため，車両に搭載された車輪の回転数から速度を求める速度計ではなく，GPS を用いて車速の計測を行う。走行抵抗の測定は 10 km/h ごとに行い，測定したい速度の ＋5 km/h から －5 km/h に減速する時間を用いて式 (1.6) より算出する。例えば，走行モードで使用する走行抵抗を計測する場合は走行モードの最高速度の 1 の位を切り上げた速度 ＋5 km/h から惰行することとなる。

$$F_{drive} = \frac{W_t - W_4}{0.36t} \tag{1.6}$$

F_{drive} 〔N〕は試験時の走行抵抗，W_t〔kg〕は試験車両の重量，W_4〔kg〕は試験車両の回転部分の相当慣性重量，t〔s〕は測定対象の惰行に要した時間である。W_4 は通常，試験車両の空車重量の 3.5 % とするが，実測値でもよい。0.36 は単位変換の係数である。

そして，各指定速度における走行抵抗をもとに，最小二乗法により走行抵抗を速度の二乗の関数として式 (1.7) のように表す。最小二乗法で求められる a〔N〕は式 (1.8)，b〔kg/m〕は式 (1.9)，K は式 (1.10) のとおりである。

$$F_{drive} = a + bv^2 \tag{1.7}$$

$$a = \frac{\sum K_i{}^2 \sum F_i - \sum K_i \sum K_i F_i}{n \sum K_i{}^2 - \left(\sum K_i\right)^2} \tag{1.8}$$

$$b = \frac{n\sum K_i F_i - \sum K_i \sum F_i}{n\sum K_i{}^2 - \left(\sum K_i\right)^2} \tag{1.9}$$

$$K = v^2 \tag{1.10}$$

　そして最後に，式（1.11）〜（1.13）を用いて試験時の大気を 25℃，無風，1 気圧の条件に補正し，標準状態での走行抵抗 F_{drive0}〔N〕を求める。ここで，v_{air}〔km/h〕は走行路に平行な風速成分の時間平均値，T_e〔K〕は試験路の平均気温，P〔kPa〕は試験路の平均大気圧である。

$$F_{drive0} = a_0 + b_0 v^2 \tag{1.11}$$

$$a_0 = (a - b v_{air}^2)[1 + 0.008\,64(T_e - 293)] \tag{1.12}$$

$$b_0 = 0.346 b \frac{T_e}{P} \tag{1.13}$$

ここで，a_0〔N〕は転がり抵抗相当であり，$b_0 v^2$〔N〕が空気抵抗相当の走行抵抗となる。そのため，a_0 を車体重量で割ったものを転がり抵抗係数として扱い，b_0 を 2 倍し，空気密度で割ると，前面投影面積と Cd 値をかけたもの相当として扱うことができる。しかし，前述したとおり，抵抗はタイヤの転がり抵抗と車体の空気抵抗のみではないため，ある程度の誤差が生じることは前提として扱うことが必要である。そのため，まったく車格の異なる車両の走行抵抗から転がり抵抗係数や空気抵抗係数を算出し，システム設計に利用すると大きな誤差が生じるため注意が必要である。ブレーキやベアリングなどが似た仕様となっている電動車両と同車格の車両の走行抵抗から転がり抵抗係数や空気抵抗係数を算出すれば大きな誤差は生まれないため，同車格の車両を実測した走行抵抗から転がり抵抗係数や空気抵抗係数を求めることが望ましい。著者による実測の結果，既販の C セグメントの電動車両の転がり抵抗係数は 12 程度，b_0 は 0.034 2 程度であることがわかっているため，今後はこの二つの値を使用することとする。

③ 走行性能目標の設定

　ここでは車両の走行性能の目標を設定する。車両の走行性能目標とは車速と車体の推進力の設定である。

　車速は比較的容易に決定することができる。世界中で最も高速に走行可能な道路は制限速度のないドイツを中心に周辺国に延びるアウトバーン（Autobahn）である。しかし，アウトバーンを除くと，つぎに高速に走行可能な道路は，米国の一部やサウジアラビア，ポーランドの 140 km/h（米国は 85 mile/h ≒ 137 km/h）である。日本では新東名高速道路や東北自動車道の一部区間で 120km/h が最高速度となっている。実態として制限速度以上で走行する車両はあるが，オートクルーズが主流になりつつあり，今後は自動運転化が進むことを考慮すると法定速度を超えるオーバースペックな車両は不要とされる可能性が高い。一時的な緊急回避として 150 km/h を最高速度とし，140 km/h で連続して走行できれば，一部の例外を除いて，世界のほぼすべての場所で問題なく走行できるといえる。

　車体の推進力の設定は困難である。車体の推進力が必要な状況は加速，登坂，段差の乗り越しである。顧客が車両に求めることにより，車体の推進力を決める要素は異なるということである。

　加速に必要な推進力 F_{acc}〔N〕は式（1.14）によって求められる。ここで α〔m/s^2〕は車両の加速度である。前述した走行抵抗と車体重量ならびに車両に求められる加速度によって推進力が決まることがわかる。F_{drive} は車速によって変化するため，どの車速でどのような加速度が必要であるかも決める必要がある。高速道路の合流時に安全に合流するためには 0.3 G 程度の加速力が必要であるため，それが最低限補償すべき加速度にはなるが，商品性上，さらに大きな加速度が必要である場合が多い。

$$F_{acc} = F_{drive0} + W_t \alpha \tag{1.14}$$

　登坂に必要な推進力 F_{hill}〔N〕は式（1.15）によって求められる。θ〔rad〕は登坂角度である。図 1.7 に図解する。ここで g〔m/s^2〕は重力加速度であるため，9.8 の定数を用いてよい。また，ここでの $F_{drive\theta}$〔N〕は F_{drive0}〔N〕に勾配を考慮する必要があるため，式（1.16）を用いて算出する。

$$F_{hill} = W_t g \sin \theta + F_{drive\theta} \tag{1.15}$$

$$F_{drive\theta} = a_0 \cos \theta + b_0 v^2 \tag{1.16}$$

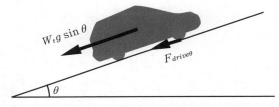

図 1.7　登坂時に車両にかかる抵抗

　$F_{hill} = W_t g \sin \theta + F_{drive\theta}$ のとき，推進力と登坂に必要な力が釣り合っているため，車両は停止状態もしくは一定速度での走行状態である。さらに加速するには，推進力は F_{hill} と同じではなく，F_{hill} より大きくすることが必要になる。登坂性能をどれだけ車両に求めるかを考えるためには国土交通省が定める道路構造令が一つの参考になる。2020 年時点での道路構造令により定められた縦断勾配を表 1.6 にまとめる。日本のみならず，世界各国で道路構造については法律が定められている。これは国が建設する道路に適用されるため，国道や高速道路であればこれ以上の勾配がないということはいえるため，60 km/h 以上の速度においてはこの縦断勾配を超える道路はないといえる。一方で林道や農道，私有地，駐車場，特殊な地形の住宅地などには道路構造令を上回る勾配の道が存在する。実際に市販車では大型車，普通車ともに 34 ％ 程度の勾配を上ることができ，24 ％ の勾配という道路も国内には存在するため，低速時の勾配目標については調査が必要である。

表1.6　道路構造令で定められた縦断勾配

区分	速度〔km/h〕	縦断勾配〔%〕	
		普通	登坂路線
普通道路	120	2	5
	100	3	6
	80	4	8
	60	5	8
	50	6	9
	40	7	10
	30	8	11
	20	9	12
小型道路	120	4	5
	100		6
	80	7	−
	60	8	−
	50	9	−
	40	10	−
	30	11	−
	20	12	−

　段差の乗り越しに必要な推進力はタイヤとの関連が出てくる。ここでいう段差とは道路から歩道への乗り上げ等を想定している。段差の乗り越しに必要な推進力 F_{step}〔N〕は式（1.17）によって求められる。登坂と同様の形であるが，段差の乗り越し角度である θ_{step}〔rad〕を求める際にタイヤの半径 R_{tire}〔m〕と段差高さ H_{step}〔m〕を用いて，式（1.19）にて求められる。段差乗り越し時のタイヤと段差の関係を**図**1.8に示す。タイヤの径が大きければ大きいほど，段差の乗り越しは容易になる。ここではタイヤとサスペンションを剛体として扱っているが，実態としてはたわみが生じるため，ここで求めた推進力があれば確実に段差を乗り越すことができる。段差乗り越しは厳しい条件で見積もっているため，多くの車両は段差乗り越しに必要な推進力がその車両の最大推進力となる。

$$F_{step} = W_t g \sin \theta_{step} + F_{drive\theta_{step}} \tag{1.17}$$

$$F_{drive\theta_{step}} = a_0 \cos \theta + b_0 v^2 \tag{1.18}$$

$$\theta_{step} = \frac{\pi}{2} - \sin^{-1}\left(\frac{R_{tire} - H_{step}}{R_{tire}}\right) \tag{1.19}$$

　上記三つの観点で求められる推進力を比較し，最も大きなものを車両が求める最大推進力として目標を設定する。すると，速度に応じた必要推進力が得られる。すべての要求推進力に関わるパラメータは車体重量である。よって，車体重量を小さくすることが動力を小さくするこ

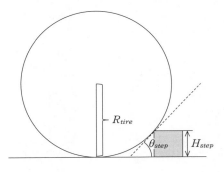

図1.8 段差乗り越しのタイヤと
段差の関係

とにもつながることがこれらの式からわかる。

④ タイヤの選定

つぎにタイヤの選定を行う。段差乗り越しに必要な推進力を求める際にも必要なため，順序としては ③ と同時に行うこととなる。実際の車両開発においてはタイヤの大きさは車両のエクステリアデザインや乗員のスペースに大きく影響を及ぼすため，あらかじめ決まった状態である場合が多い。しかし，タイヤの径が小さすぎるがゆえにシステムとして成立しない場合もあり，さらに後述する動力に求められるトルクに大きな影響を与えるためにタイヤの選定をこの時点で行い，パラメータを設定しておくことが重要である。

⑤ システム最大電圧と電池電圧の設定

ここではシステム最大電圧の設定を行う。システム最大電圧とは電池，DC–DC コンバータ，インバータ，モータの高電圧機器で使用する最大の電圧のことである。電圧を高く設定することのメリットは同出力で電流を下げられるため，配線の抵抗による損失が小さくできる，もしくは配線径を小さくすることによる軽量化ができることである。また，インバータに使用されるスイッチング素子であるパワーデバイスの ON 抵抗による損失が小さくでき，冷却を簡素にするという設計ができるようになる。高電圧にすることのデメリットは高い絶縁性能をもったコンポーネントの設計が必要になる点である。絶縁性能を上げるためには高電圧部品と周辺部品の距離をとったり，高性能な樹脂部品で高電圧部品を絶縁したりすることである程度対応可能である。そこでの最も強い制約はパワーデバイスとなる。パワーデバイスの耐圧を上げると ON 抵抗が増加するというデメリットがあり，電圧を上げることによるロスの低減が見込めなくなるため，ある程度の耐圧に設定する必要がある。パワーデバイスの耐圧という制約によってシステム最大電圧は決定されるが，イコールではない。パワーデバイスには過渡的にサージ電圧が印加され，また昇圧器の回路や制御のばらつきも存在するため，それらを考慮してシステム最大電圧を決定する必要がある。パワーデバイスの耐圧とシステム最大電圧の関係を**図1.9**に示す。実際にはパワーデバイスの耐圧の半分程度を実効値として使用できることになる。

また，AC（交流）で高電圧を使用する場合，絶縁性能にも変化がある。部分放電が起こるため，使用頻度や温度，気圧などの管理が必要になってくる。一つの目安として 500 V 以上の高

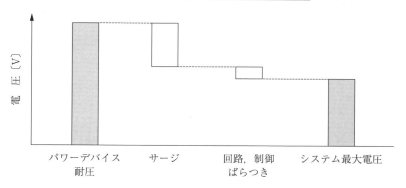

図 1.9 パワーデバイスの耐圧とシステム最大電圧の関係

電圧を AC で使用する場合にはハードウェアだけでなく，制御による保護も視野に入れた設計が必要である。

　システム最大電圧を決めると同時に電池電圧も決める必要がある。システム最大電圧を決めるとシステムとして許容可能な昇圧比から電池電圧の下限値が決まる。DC-DC コンバータの昇圧比は低いほど効率がよくなるため，DC-DC コンバータの効率を向上させるためには電池電圧をシステム最大電圧に近づけることが効果的である。しかし，モータの起電力の低い低速時に，高い DC 電圧で駆動するとインバータとモータの効率が悪くなるため，バランスが重要になる。DC-DC コンバータ，インバータ，モータの動作を考慮した効率の最適点を見出すことが重要である。各コンポーネントの効率については 3 章にて解説する。DC-DC コンバータの昇圧比が決まれば電池電圧の下限値が決まり，セルの必要な直列数を決めることができる。

　⑥ 電池容量の設定

　つぎに，電池容量の設定を行う。ここの結果が ① で想定した車体重量と大きくずれている場合は ① からやり直しとなる。電池容量は目標とする航続距離，走行抵抗，車体重量と各コンポーネントの効率から算出される。航続距離はある決められた走行モードでの評価を行う。必要となる電池容量 B_c〔Wh〕は式（1.20）によって求められる。D_{range}〔km〕は目標とする航続距離，E_{mode} は 1 回のモード走行に必要な車両を動かすためのエネルギー〔Wh〕，η_{mode} はモード走行中の電動システムの平均効率，D_{mode}〔km〕は 1 回のモード走行で走行する距離である。

$$B_c = \frac{D_{range}E_{mode}\eta_{mode}}{D_{mode}} \tag{1.20}$$

　消費エネルギーを評価する走行モードは WLTC（worldwide-harmonized light vehicles test cycle）モードが全世界的に使用されているが，既販車は JC08 や NEDC といった各国，各地域で定められた走行モードにて評価を行っている。WLTC モードは全世界で共通の車両評価を行うために作られた走行モードである。しかし，一部の国，地域は適応しないという表明をすでにしているため，実態としては全世界で運用されることはない。日本では JC08 モードからWLTC モードに移行すると決定しており，新車は WLTC モードでの評価を行うこととなって

いる。WLTC モードの特徴は Power Mass Ratio〔W／kg〕と車両の最高速度〔km／h〕によって走行モードが異なるという点である。ここでの Power は最大出力，Mass は空車重量である。2020 年時点での走行モードの選定基準を**図 1.10**に示す。Power Mass Ratio が 22 以下であれば Class1，22 より大きく 34 以下であれば Class2，34 より大きければ Class3 という分け方になる。Class3 はさらに二つのクラスに分けられ，最高速度 120 km／h 未満の車両は Class3a，最高速度 120 km／h 以上の車両は Class3b となる。走行モードは低速（L），中速（M），高速（H），高高速（ExH）に分けられている。車両の仕様によって，M1 と ExH3 はダウンスケール可能であり，ダウンスケールについては手順が定められている。また，高高速については道路状況，使用状況などを勘案し，除外可能となっている。現状，日本国内で販売されているほとんどの普通自動車は Class3b に分類され，一部の普通自動車と軽自動車が Class3a に分類される。超小型モビリティなどは Class1，Class2 に分類される。各走行モードの速度と加速度を**図 1.11 ～ 図 1.13**にまとめる。

Class3b の最高速度は 120 km／h であり，最大加速度は 1.5 m／s² 程度である。また，Class3a と 3b に大きな違いはなく，日本国内においては高高速の領域を使用することが少な

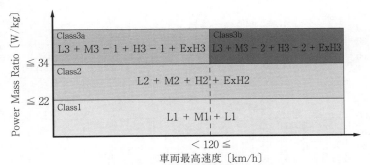

M1，ExH3 については車両の仕様に応じてダウンスケールされる。
ExH2，ExH3 については加盟国のニーズによって除外可能。

図 1.10 WLTC 走行モード選定基準（2020 年時点）

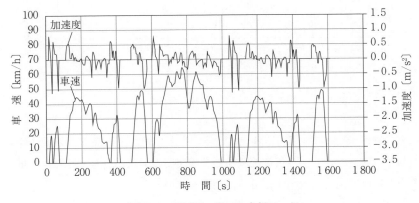

図 1.11 WLTC Class1 走行モード

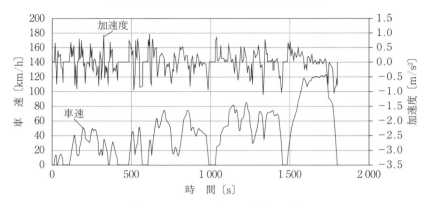

図 1.12　WLTC　Class2 走行モード

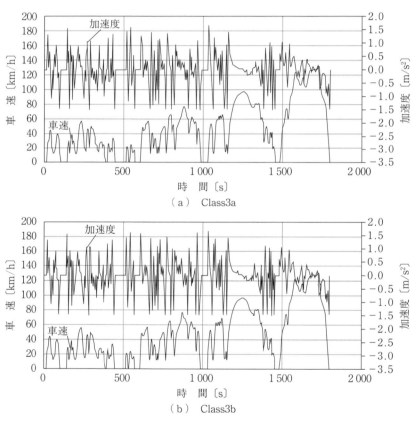

（a）　Class3a

（b）　Class3b

図 1.13　WLTC　Class3 走行モード

く，また従来の評価モードである JC08 との乖離が大きいため，高高速の領域は除外して運用する方針としている。しかし，今後高速道路の制限速度の上限が引き上げられ，車両の使用実態が変わる場合には高高速を適用する可能性が残っている。

　走行モードの選定をした後に，走行に必要な駆動エネルギーを式（1.21），（1.22）にて求め

られる。各時刻での離散時間幅当りの消費エネルギー量 E_{drive}〔Wh〕を求め，それを積算することによりモード走行1サイクルに必要なエネルギー量 E_{mode}〔Wh〕を求める。ここで，t_0 はモード走行の離散時間幅，t_{mode} はモード走行にかかる時間である。F_{acc}〔N〕は駆動力である。WLTC の場合は t_0 は 1s となる。またここでの v〔m/s〕は車速である。$1/3\,600$ は単位換算のための係数である。

$$E_{mode} = \sum_{i=t_0}^{t_{mode}} E_{drivei} \tag{1.21}$$

$$E_{drive} = \frac{F_{acc}t_0 v}{3\,600} \tag{1.22}$$

走行に必要な駆動エネルギー E_{mode} に電動システムの効率をかけることで，モード走行1サイクルに要する，車両が駆動用二次電池に求めるエネルギー量がわかる。それをモード走行1サイクルの距離で割ったものが電力消費率である。車両の走行抵抗，車重，電力消費率がわかると，電動システムの平均効率がわかるということになる。設計パラメータのわからない市販の車両の評価を行う際には走行抵抗を取得し，諸元表より車重，電力消費率を得ることによりおおよその電動システムの効率を明らかにすることができる。ここでの注意点は二つあり，車両にはばらつきがあるため，新車を購入してきても走行抵抗がメーカ公式の値と異なる可能性があるということと，電動システムという表現である。ここでいう電動システムとは，車両に使用するすべての電気機器を含むシステムである。動力のみならず，補器にも駆動用の電池のエネルギーを使用するため，補器の消費エネルギーも考慮する必要がある。よって，二次電池，DC-DC コンバータ，インバータ，モータという電気動力システムの効率と電動システムの効率は異なる。

電気動力システムの効率を算出するためにはそれぞれの機器の動作点と損失モデルが必要になる。損失モデルについては3章で解説する。ここでは機器の動作点の算出方法について解説をする。

初めにモータの動作点（回転数，トルク）を算出する。一般的に BEV は変速のない固定減速比のギアを使用するため，車速が決まるとモータの回転数 N_{mot}〔rpm〕は式（1.23）により一義的に決定できる。$R_{tire^\cdot}$〔m〕はタイヤの動半径，R_g は減速比である。

$$N_{mot} = \frac{1\,000 v R_g}{60(2\pi R_{tire^\cdot})} \tag{1.23}$$

推進力が決まるとモータのトルク T_{mot}〔Nm〕は式（1.24）により一義的に決定できる。

$$T_{mot} = \frac{F_{acc}}{R_{tire^\cdot} R_g} \tag{1.24}$$

モータのトルク，回転数がわかると式（1.25），（1.26）からモータのトルク乗数 K_t〔Nm/A〕，起電力乗数 K_e〔V/rpm〕からインバータの動作点である要求電流 I_{mot}〔A〕，電圧 V_{mot}〔V〕を決定できることになる。R_{mot}〔Ω〕はモータの巻線抵抗である。

$$I_{mot} = \frac{T_{mot}}{K_t} \tag{1.25}$$

$$V_{mot} = \frac{N_{mot}}{K_e} + I_{mot}R_{mot} \tag{1.26}$$

モータのトルク乗数と起電力乗数の詳細については3章で述べる。ここではモータのトルク乗数と起電力乗数が与えられているとして記述しているが，実際にはパワーデバイスの損失，冷却，耐電圧からのインバータの最大電流と電圧に制約がある場合が多く，車両から要求される最大トルク，最高回転数とそれらの制約からトルク乗数と起電力乗数を逆算することとなり，それに合わせたモータ設計をすることとなる。

インバータへ要求電流，電圧がわかるとDC-DCコンバータの動作点である要求電流と電圧を決定できる。詳細については3章で述べるが，DC-DCコンバータの昇圧比は低いほうがよく，インバータの変換効率もデューティ比が高いほうがよいため，DC-DCコンバータの出力電圧 V_{dc}〔V〕は式（1.27）を満たす電圧で動作しつつ最小であることを求められる。$V_{dropinv}$〔V〕はDC-DCコンバータとインバータ間の配線抵抗を含むDC-DCコンバータ出力からインバータ出力までに起こる電圧降下である。

$$V_{dc} > V_{mot} + V_{dropinv} \tag{1.27}$$

V_{mot} は走行状態により変化するため，時々刻々と変化をする。V_{dc} は $V_{mot} + V_{dropinv}$ よりもつねに高いことを求められるため，モータ速度（車両速度）を入力とした制御を用いる。V_{dc} が決定されるとインバータの要求出力と式（1.28）により I_{dc}〔A〕も決定される。

$$I_{dc} = \frac{I_{mot}V_{mot}}{V_{dc}} \tag{1.28}$$

動作点を明らかにすると，各コンポーネントの損失を求めることができ，各コンポーネントの損失と出力から効率を求めることで，機器のモード走行中の平均効率を求めることができる。平均効率は式（1.29）によって表される。ここで，L_{mot} はモータ損失，L_{inv} はインバータ損失，L_{conv} はDC-DCコンバータ損失，L_{bat} は電池と配線による損失，E_{low} はモード走行中の補器類の消費エネルギーである。各コンポーネントの損失モデルについては3章にて述べる。

$$\eta_{mode} = \frac{\displaystyle\sum_{i=t_0}^{t_{mode}} E_{drive_i}}{\left(\displaystyle\sum_{i=t_0}^{t_{mode}} E_{drive_i} + L_{mot_i} + L_{inv_i} + L_{conv_i} + L_{bat_i}\right) + E_{low}} \tag{1.29}$$

DC-DCコンバータの損失を求めるためには昇圧比が必要になる。前述したとおり，昇圧比は低ければ低いほど高効率になる。昇圧比から求められる電池電圧は式（1.30）のように記述できる。

Given

$R_{boostmax}, \ L_{conv}(R_{boost}, V_{bat}, I_{mot}, V_{mot})$

find

V_{bat}

which minimize

$$L_{convmode} = \sum_{i=t_0}^{t_{mode}} L_{conv_i} \tag{1.30a}$$

subject to

$$R_{boost_i} < R_{boostmax} \tag{1.30b}$$

モード走行で使用するインバータ電圧頻度と DC-DC コンバータの損失モデルから DC-DC コンバータのモード走行中の損失が最も低くなるような電池電圧を決定することで，目標となる電池電圧を決定できる。一方で，電池電圧を低く設定しすぎると最大出力時に損失が大きくなり，排熱性能が成立しない場合があるため，制約条件として最大昇圧比を設定することが必要である。最大昇圧比から求められる電池電圧を満足するように最も損失を小さくできる昇圧比を設定するように電池電圧を設定する。

電池電圧は二次電池のセルの直列数と並列数によって調整可能である。一方で，1 セル当りの電圧によって調整可能な電圧の最小単位が決まるため，ここで求められた V_{bat} より数 V 大きな電圧となる。また，ここで求められる V_{bat} は中央の電圧（$R_{boostmax}$ の制約にかかる場合は

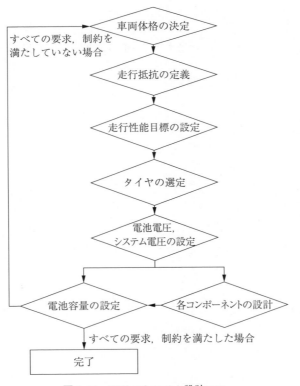

図 1.14 BEV のシステム設計フロー

最小電圧）である。

　以上に，① 車両体格の決定 ⇒ ② 走行抵抗の定義 ⇒ ③ 走行性能目標の設定 ⇒ ④ タイヤの選定 ⇒ ⑤ システム最大電圧と電池電圧の設定 ⇒ ⑥ 電池容量の設定という BEV の電気動力システム設計の一連の流れを示した。システム設計の流れを示したものを**図 1.14** に示す。

　電池容量の設定には各コンポーネントの損失が明らかである必要があるため，⑥ 電池容量の設定と同時に各コンポーネントの設計を行い，その結果を電池容量にフィードバックすることになる。そして，電池容量が決まった時点で電池に必要な重量が明らかになり，設定した重量を始めとした要求，制約を満たしている場合はシステム設計としては完了となる。後は各コンポーネントの設計を，制約を守りながら，より性能の高いものにしていくという工程となる。しかし，制約，要求を満たしていないときは車両体格の定義からまたサイクルを回すことになる。開発途中で追加の制約や要求を設定すると，コンポーネントへの要求に矛盾が生じやすくなるため，制約や要求はすべて提示することが必要である。また，システム設計の段階でできる限り数値化した明確な制約，要求を設定することが肝要である。

引用・参考文献

1）　森本雅之：最初の電気自動車についての考察，電気学会論文誌 D，**133**，1，pp.105–110（2013）
2）　温室効果ガスインベントリオフィス：日本国温室効果ガスインベントリ報告書，国立環境研究所（2019）
3）　石油情報センター：平成 21 年度　給油所経営・構造改善等実態調査報告書，石油情報センター（2010）

2 電動車両のエレクトロニクス

　本章では，電動車両におけるエレクトロニクスについて述べる。ここでいうエレクトロニクスとは制御や信号といった弱電ではなく，電源供給や電気を動力に変換する強電のものであり，駆動に使用する動力源と，動力源と動力までの電力変換を行う各種デバイス，さらに電力網（電力系統）から動力源までの電力変換を行う電動車両ならではのデバイスのことを指す。よって，ここはパワーエレクトロニクスについての解説となる。本章が対象とするのは，おもに電気動力システムを構成するコンポーネントである電池，電力変換装置，動力のハードウェア，ソフトウェアの研究，開発に関わる研究者，開発者である。

　初めに，電動車両の動力源である蓄電池とその蓄電池への充電方法について解説する。そして，電動車両に搭載されるパワーエレクトロニクス部品として電源を昇圧する DC-DC コンバータと電力変換を行うインバータ，さらにそれらを支えるパワーデバイスについても解説する。パワーエレクトロニクス部品は用途，指向によって大きく設計が異なるため，本章では電動車両に搭載するという前提のもと，各技術を紹介する。

2.1　電池と充電器

　内燃機関自動車の心臓部がエンジンであるとすると，電動車両の心臓部とは何に当たるだろうか。動力という意味ではモータが心臓部に当たるだろうが，性能の決め手（制約）になる部分という意味では電池のほうが心臓部という表現に適しているともいえる。ここでは電動車両で最も重要な部品の一つである電池とその充電方法について解説する。

　世界初の電動車両は蓄電池ではなく，一次電池で走る形式であった。しかし，それは実用的でないのは明らかであるため，当時最新の技術であったの電池の性能を紹介するためのデモンストレーションの一環であったと考えられる。1859 年に鉛蓄電池が発明されてからは電動車両の実用に向けた研究開発がなされ，1800 年代の終盤には内燃機関自動車よりも優れた性能をもつ電動車両が発表されるなど，馬車に代わる自動車として電動車両は大きな期待を寄せられていた。実際に 1900 年代初頭の米国では電動車両が内燃機関自動車を上回るシェアをもっていた時代もあったといわれている。しかし，電池の性能に劇的な向上が見られず，内燃機関の性能向上に追いつけなかった結果，電動車両は市場から消えることとなった。その後もオイルショックでガソリンの供給にリスクが出てきたことで一時的に注目されることはあったが，一部の地域を除いて今日まで内燃機関自動車を超える大きな市場を獲得したことはない。ここでは，蓄電池の変遷とその要素技術について解説をすることで，時代背景についての理解を深め，

電動車両の今後の展望を見出す一助としたい。

　また，充電方式についてもさまざまな提案がなされている。電力系統は交流電圧であるため，電池に充電するためには最終的に直流電圧に変換する必要がある。車外に設けた充電器で直流電圧に変換して直接車両に給電する方法，電力系統の交流電圧を直接車両に給電し，車両内に設けた充電器で電力変換して充電する方法，また非接触で電力電送する方法もある。それぞれの方法で規格化が進んでいるが，それぞれに利点，課題が存在するため，その利点，課題についてもここで解説する。

2.1.1　蓄電池の原理と変遷

　蓄電池の変遷としてここでは鉛電池，ニッケルカドミウム電池，ニッケル水素電池，リチウムイオン電池，リチウム全固体電池について解説する。ほかにもエジソンが発明したニッケル鉄電池等も存在するが，ここでは電動車両用のおもな電池として以上の五つの電池のみを取り上げることとする。

〔1〕　蓄電池の原理

　ここでは蓄電池の原理を解説する。蓄電池は，イオン化傾向の異なる2種類の金属と電解液から構成されており，その2種類の金属のことをそれぞれ正極，負極と呼ぶ。イオン化傾向の大きい極が負極であり，イオン化傾向の小さい極が正極である。

　電解液に正極と負極を浸けると，負極の金属がイオン化することで電子を放出し，正極へと流れていくことで，正極から負極への電流が発生する。そして，充電の際には負極から正極に電流が流れるようにすることで，陽極の金属が溶け出してイオンとなり，陰極でイオンが金属となって析出することで，放電前の状態に戻る。ここで正極と負極，陽極と陰極というよく似た言葉を使用した。電池の極として使用する電極を正極と負極，電解液に浸かった状態の電極（化学反応を起こす状態のもの）を陽極と陰極という。そのうち，陽極は正極とつながったもの，陰極は負極とつながったものを表す。

　蓄電池の構造を図2.1に示す。外観の違いにより管型，ラミネート型等もあるが，構成部品は同様である。ケースのなかには陽極と陰極を浸すように電解液が満たされている。鉛電池など蓄電池によっては水素や酸素などのガスが発生するものがあるため，それらを放出するための通気口をもつものもある。その場合には補水が必要になり，定期的なメンテナンスが必要になる。そこで酸素だけを逃がし，他のガスは吸着可能な触媒栓をもつものもある。酸素を逃がしてよいのは，酸素は外気から得ることが容易であるためである。また，電解液をガラス繊維などのマットに染み込ませ，電解液をゲル化させるなどして密閉させた構造をもつ密閉型のものもある。密閉型のメリットは充電中に水の電気分解反応が起きても，酸素ガスは負極板表面での化学反応により，水に還元して電解液中に戻るため，水分が失われることがなく，補水の必要がないことである。密閉型の蓄電池は補水が必要ないことからドライバッテリと呼ばれることもある。電解液は液体として存在しないため，電解液がない構造と誤解されることがある

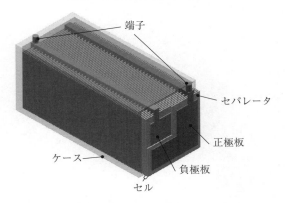

図 2.1 蓄電池の構造

ため，注意が必要である。

　電池の破損の一つで起こりやすい，過充電や過放電の状態とは負極や正極の金属のイオン化が進みすぎて極の構造を保てなくなっている状態であり，そのために充放電ができなくなっている状態である。過充電や過放電は電圧の管理状態がよくないと徐々に進行するものでもあるため，電池の長寿命化には適切な電圧の管理が重要である。

〔2〕 電動車両用電池の概要

　電動車両用電池に求められる性能は体積エネルギー密度と重量エネルギー密度が主である。体積エネルギー密度とは体積当りのエネルギーであり，車両搭載性に大きく寄与する。体積が小さければ電池の格納に必要なスペースが小さくなり，車室内を広くとれることで快適性を増すことや，より多くの充電池を搭載することで航続距離を延長できるようになる。重量エネルギー密度とは重量当りのエネルギーであり，車両の重量に寄与する。車両の重量を小さくすることができれば車両の走行抵抗を減らすことができ，走行効率が向上し，航続距離を延長できる。体積エネルギー密度と重量エネルギー密度はおよそ正の相関にあるため，ある程度性能が偏った電池は存在するものの片方のみが高いというものはない。体積エネルギー密度と重量エネルギー密度を飛躍的に向上することができるのは電池の電解質（電池の種類）である。電池の種類ごとの体積エネルギー密度と重量エネルギー密度のおおよその関係[1)~7)] を**図 2.2** に示す。

　鉛電池が最も体積エネルギー密度と重量エネルギー密度が低く，続いてニッケルカドミウム電池，ニッケル水素電池となり，リチウムイオン電池となる。鉛電池は体積エネルギー密度，重量エネルギー密度ともに低いが，内燃機関自動車，電動車両問わず補器用電源として用いられているため，使用台数で表すと最も大きな出荷をしている電池である。

　リチウムイオン電池は現在も開発が盛んであり，今後も重量エネルギー密度，体積エネルギー密度を向上することが期待されるが，限界が近いという見方もある。その限界を超える蓄電池として期待されているのが全固体電池である。全固体電池は電解液を用いるものとは構造

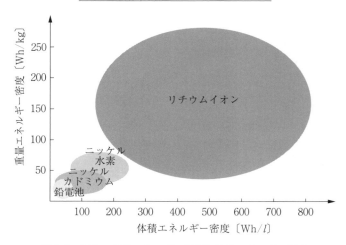

図 2.2 電池の体積エネルギー密度と重量エネルギー密度

が異なるため，後で構造を含めて解説する。

電池の性能としてさらに，体積当りの出力を表す出力密度という尺度がある。出力密度が低い鉛電池やニッケルカドミウム電池では出力密度が重要な尺度であったが，2020 年現在，主流となっているリチウムイオン電池の性能バランスとしては出力が制約となることはないため，エネルギー密度による評価が重要である。今後，出力密度が重要になる可能性は急速充電設備の高出力化に伴うものが想定されている。急速充電の充電受け入れ能力は出力密度によって決まるため，急速充電設備が高出力化するときの制約条件となる可能性がある。充電器の規格は高出力化に向かっているため，さらなる高出力化が求められる可能性はある。しかし，配電設備の課題や電力網の課題も同時に存在するため，車両の電池の高出力化のみを推進してもあまり価値がなく，重要な性能にもならないため電池以外の周辺技術についても協調して研究開発を進めることが重要である。

〔3〕 鉛 電 池

鉛電池は車両用電池として最も歴史の古い蓄電池である。また，内燃機関自動車でも補器用のバッテリとして使用されている電池でもある。蓄電池のなかでは精緻な制御が不要であり，かつ安全で安価であるため，大容量，高出力が必要のない補器用のバッテリとしては優秀である。一方で，マイルドハイブリッド用など少し大きな容量や高い出力が必要になると使用が困難になるため，他の電池を選定する必要がある。また，鉛が環境負荷物質として定められているため，廃棄や大量の使用には注意が必要である。

鉛電池の陰極にはイオン化傾向の高い鉛（Pb）を，陽極にはイオン化傾向の低い二酸化鉛（PbO_2）を使用している。これらの極板を満たすように，酸化還元を促す電解液である希硫酸（$H_2SO_4 + H_2O$）が封入されている。鉛電池の放電時の陰極の化学反応式を式（2.1）に示し，鉛電池の放電時の陽極の化学反応式を式（2.2）に示す。そして電池全体の化学反応式を式（2.3）に示す。

$$Pb + H_2SO_4 \rightarrow PbSO_4 + 2H^+ + 2e^- \tag{2.1}$$

$$PbO_2 + H_2SO_4 + 2H^+ + 2e^- \rightarrow PbSO_4 + 2H_2O \tag{2.2}$$

$$Pb + PbO_2 + 2H_2SO_4 \rightarrow 2PbSO_4 + 2H_2O \tag{2.3}$$

放電時には陽極, 陰極でともに硫酸鉛が生成され, 正極側では水が生成されることがわかる。そのため, 放電前後で希硫酸の濃度は変化をする。また, 充電時には逆の反応が起こる。

陽極と陰極が接触すると短絡し, 電池として機能する前に電力を失うため, 短絡防止の絶縁体 (セパレータ) を挟んだ状態で陽極と陰極が交互に配置されている。この陽極と陰極が一対の塊になったものをセルといい, 鉛電池に限らず電池はセル単位で作られる。鉛電池のセル一つ当りの電圧は2Vであり, 自動車の補器用バッテリはこれを6直列で接続して12Vとしている。商用車に搭載されているバッテリはさらにこれを2直列に使用することで24Vの電圧としている。12Vとして決められたのは基準として設けられているためであり, すでに大きな市場となっている補器系の部品の電圧を変えることは困難である。

ここで, 内燃機関自動車の歴史的から補器用の電池に求められる性能の変化を紹介する。内燃機関の歴史を振り返ることにより, 電動化された後の補器用の電池の進むべき道に対する考察の一助としたい。

電気を内燃機関自動車で使用する最も大きな理由はエンジンの始動である。内燃機関自動車が開発された当初, エンジンの始動は手動で行っていた。現在も2輪車や小型船舶用のエンジン等, 小型でアクセスしやすい場所にあるエンジンは手動で始動を行っているものもある。しかし, 自動車用のエンジンは比較的大型でかつ乗員とエンジンが離れているため, 手動での始動は煩わしく, 商品性における大きな課題であった。その課題の解決のために開発されたシステムがスタータモータと蓄電池, 発電機 (オルタネータ), エンジンの組合せである。このシステムではエンジンで発生した機械的なエネルギーを発電機で電気的なエネルギーに変換し, 蓄電池に電気的エネルギーをためて, スタータで電気的エネルギーを機械的エネルギーに変換してエンジンの始動に使うというエネルギーの流れとなっている。そして, 鉛電池が蓄電池として広く用いられるようになった。この時点での鉛電池に求められる性能はスタータの始動に耐え得る容量のみであった。スタータモータはエンジンの摩擦抵抗を超える力を出力する必要があるため, 大電力が必要にはなるものの, 大電力が必要になるのは始動時の数秒間のみのため, 大容量は必要なく, 短時間の使用であるため大電流でも熱的な問題がない。そのため, 内燃機関自動車の黎明期には6Vの鉛電池が利用されていた。

現在の補器系電圧が12Vになっていることから大容量化とともに低電流化が必要になっていることは想像に難くない。つぎに, スタータ以外の補器部品によって電池に求められる性能について解説する。

補器部品の消費する電力はエンジンに取り付けられたオルタネータによって賄われるため, エンジンの始動後に定常的に鉛電池に求められる性能は, 急な電気的な負荷変動に対する補償

である。スタータの後に自動車に搭載された補器部品は灯火器，ワイパーである。現在では安全装置として法規で搭載が義務付けられているものである。その後，燃料の噴射に使用するインジェクタが開発され，定常的に使用される電力が大幅に増えてきた。おもに部品の低電流化を目的に 12 V 化が進んだ。電気負荷の最大の変動は依然としてスタータモータによるものであったが，細かな変動が多くなったり，負荷の蓄積が多くなってきたりしたことにより，鉛電池の劣化が課題となってきた。

　ここで鉛電池の劣化について解説する。鉛蓄電池の劣化の原因は，正極や負極の腐食や破損などの物理的原因と，陽極や陰極での硫酸鉛の結晶化（サルフェーション）という化学的原因の 2 種類が存在する。硫酸鉛は式（2.1），（2.2）に示すとおり，化学反応上必ず生成されるため，徐々に結晶が蓄積されてくる。陰極や陽極に硫酸鉛が蓄積すると，化学反応を起こす各極と電解液との接触面積が小さくなるため，容量が小さくなる。また硫酸鉛は絶縁体であるため，内部抵抗も増加する。

　つねに満充電状態を保つことができれば，理論上科学的な劣化は起きないが，電池には電池の内部抵抗が存在するため電極に外部の回路を接続しなくても，実態としては小さいながらも必ず放電を続けて劣化する。また，頻繁に充放電を繰り返している状態ではバッテリの容量に大きな影響を与えないが，自動車はつねに稼働できるものではないため，充放電を繰り返している状態にはならない。そのため，自動車の停止時にはできるだけ高い電池電圧で電源を停止することが望ましいが，定常的な負荷が高い状態では負荷によって電圧が下がるため，電池電圧を高い状態で電源を停止することができず，劣化がより進みやすくなる。そのため，補器部品による電力負荷が大きければ大きいほど，電池の劣化は進みやすくなる。

　電池容量への要求は始動時に大電力を使用するスタータの出力のみによって決まるわけではなく，それも時代によって変化がある。スタータの出力はエンジンの始動に必要な力はエンジンの機械的な摺動損失によって決まるため，エンジンの技術開発によってスタータに求められる出力は減っていき，電池容量もそれに伴って減るはずである。しかし，スタータが要因の一つであることには変わらないが，グローバルな市場への輸出にかかる時間と待機電力の増加によって容量への要求も高まってきた。自動車は製造工場から海外の販売地まで移動するために，生産される多くの車両は船便での移送となる。船便の移送には，最低でも 2 週間程度の時間が必ずかかってしまう。そして，船から車両を降ろす際には自走する必要があり，船から車両を降ろす際の始動のために，船に搭載してから港に到着するまでにスタータ始動ができる容量を残している必要がある。また，内部抵抗による電力消費だけであれば大きな問題にならなかったが，自動車の補器の増加と補器の高度化によって自動車への電子機器の搭載が増え，小さいながらも待機電力により常時電力を消費する機器が増えてきた。この二つの要因により，電池容量への要求はより高いものになってきた。

　鉛電池の性能は制御や材料の改善により年々向上しているものの，化学反応としての電池性能の限界は陽極と陰極の分子構造と電解液によって決まるため，素材を変更しない限り大きな

性能向上はできない。鉛電池を用いた電気自動車も提案された過去があるが，より容量と出力特性の高い電池が開発されることとなった。

〔4〕 ニッケルカドミウム電池

鉛電池の後に二次電池として注目をされたのがニッケルカドミウム電池である。ニッケルカドミウム電池はニッケル酸化物を正極に使用し，カドミウム化合物を負極として，鉛電池と同様に上記電極における化学変化を利用している。放電時の陰極の化学反応を式（2.4）に示し，陽極の化学反応を式（2.5）に示す。また電池全体での化学反応を式（2.6）に示す。

$$Cd + 2OH^- \rightarrow Cd(OH)_2 + e^- \tag{2.4}$$

$$2NiOOH + 2H_2O + 2e^- \rightarrow 2Ni(OH)_2 + 2OH^- \tag{2.5}$$

$$Cd + 2NiOOH + 2H_2O \rightarrow Cd(OH)_2 + 2Ni(OH)_2 \tag{2.6}$$

鉛と酸化鉛の極でできた鉛電池と比較し，ニッケルカドミウムのほうが大きな容量を得ることができたが，メモリ効果が顕著であるため，鉛電池のように短い時間と容量の幅で繰り返し利用することには向いていない。メモリ効果とは，容量が残っている電池に対して継ぎ足し充電を行った後に放電をする際に電圧降下が起こる現象である。電池の容量そのものが下がるわけではないが，容量に対する電圧が降下すると，電池の容量が残っている状態で機器の使用可能電圧範囲を下回るため実質的に容量が減ることとなる。そのため，自動車のように継ぎ足し充電を行って使用する機器にはメモリ効果の大きい電池は向いていない。

一方で，コンデンサのように過放電に対して強い特性をもつため，一定の使用条件であれば扱いやすく，また，放電に対する制御が必要ないことも利点として上げられる。

ニッケルカドミウム電池の電池性能は高かったが，メモリ効果による実質容量低下が性能的課題としてあるため，自動車への適用は困難であった。さらにカドミウムのもつ毒性により使用量に対して規制が開始し，2007年から日本国内の自動車に搭載される部品への使用が禁じられ，現在は使用することができない。

〔5〕 ニッケル水素電池

ニッケルカドミウム電池の電圧互換がある電池として開発された電池がニッケル水素電池である。一般的なニッケル水素電池は，陽極に水酸化ニッケル（NiOOH），陰極に水素吸蔵合金（MH）を使用している。ニッケルカドミウム電池の負極材料をカドミウムから水素吸蔵合金に変えた構成となっている。環境汚染物質であるカドミウムを使用せず，ニッケルカドミウム電池よりもメモリ効果が小さく，容量も大きいため，ニッケルカドミウムの上位互換電池として利用されている。電解液は濃アルカリ電解液の水酸化カリウム（KOH）を使用している。

陰極の水素吸蔵合金には水素の吸蔵量を増やすためにコバルトを多く含んだものが利用されてきたが，コバルトが高価であることからコバルトフリーの合金（Mn-Mg-Ni-Al系など）が開発され，主流となっている。

放電時の陰極の化学反応を式（2.7）に示し，陽極の化学反応を式（2.8）に示す。また，電

池全体での化学反応を式（2.9）に示す。

$$MH + OH^- \rightarrow M + H_2O + e^- \tag{2.7}$$

$$NiOOH + H_2O + e^- \rightarrow Ni(OH)_2 + OH^- \tag{2.8}$$

$$MH + NiOOH \rightarrow M + Ni(OH)_2 \tag{2.9}$$

ニッケル水素電池はニッケルカドミウム電池と比較すると，過放電，過充電に対する耐性が低く，自己放電が大きいことによる劣化が進みやすいという点が課題であるという指摘がなされてきたが，現在では電池管理装置（BMU：battery management unit，BMS：battery management system）を搭載して電圧，電流，温度の管理をすることが技術的にもコスト的にも一般的であるため，大きな問題ではなくなっている。電池管理装置については後述のリチウムイオン電池の紹介とともに述べる。自動車用途としてはハイブリッド車の駆動用バッテリを中心に乾電池型の蓄電池や電動工具用電池など身近な機器にも広く使用されている。

〔6〕 リチウムイオン電池

リチウムイオン電池はおもに電動車両の駆動用蓄電池として用いられている電池である。内燃機関の補助として電動機を利用するハイブリッド車ではニッケル水素電池を用いているが，内燃機関を搭載していても電動機でおもに走行する PHEV や REV はニッケル水素電池ではなく，リチウムイオン電池を用いている。BEV の主電源もリチウムイオン電池であり，FCV の補助二次電池にも使用されている。ハイブリッド車もニッケル水素電池から性能で勝るリチウムイオン電池への移行を進めているが，生産設備を含めたコストの観点からニッケル水素電池を用いている。

リチウムイオン電池の放電時の陰極の化学反応を式（2.10）に示し，陽極の化学反応を式（2.11）に示す。また電池全体での化学反応を式（2.12）に示す。陽極にはコバルト酸リチウム，陰極には炭素を用いた場合の式である。鉛電池，ニッケルカドミウム電池，ニッケル水素電池の反応式にはすべて H_2O が含まれていたが，それがない。

$$CLi_x \rightarrow C + xLi^+ + xe^- \tag{2.10}$$

$$Li1 - xCoO_2 + xLi^+ + xe^- \rightarrow LiCoO_2 \tag{2.11}$$

$$CLi_x + Li1 - xCoO_2 \rightarrow C + LiCoO_2 \tag{2.12}$$

リチウムイオン電池は鉛電池，ニッケルカドミウム電池，ニッケル水素電池をエネルギー密度で比較すると圧倒的な性能差がある。その理由は，鉛電池，ニッケルカドミウム電池，ニッケル水素電池の電解液が水系（水溶性）であることに対して，リチウムイオン電池の電解液は水を用いていない点にある。水はある一定以上の電圧を印加すると電気分解されるためである。水の電気分解は式（2.13），（2.14）で表される。

$$H_2O \rightarrow \frac{1}{2}O_2 + 2H^+ + 2e^- \tag{2.13}$$

$$2H^+ + 2e^- \rightarrow H_2 \tag{2.14}$$

二つの電子と二つのプロトン（H^+）を移動するため，1個当りのエネルギーは $1.22\,\mathrm{eV}$ となる。そのため，水の電気分解に必要な理論電圧は $1.22\,\mathrm{V}$ となる。実際には抵抗が存在するため，$1.22\,\mathrm{V}$ 以上の電圧を印加しないと電気分解はしないが，$2\,\mathrm{V}$ もあれば電気分解してしまう。そのため，水系の電解液を利用した蓄電池では高い起電圧を取得することが困難であった。その一方で，リチウムイオン電池の電解液は水を用いていないため，水の電気分解という制約がなくなり高い起電圧を取得することが可能となった。これにより，従来の鉛電池，ニッケルカドミウム電池，ニッケル水素電池ではなしえなかった高いエネルギー密度を実現できるようになった。

エネルギー密度が高くなったことと同時に，安全性を求められるようになった。円筒型のリチウムイオン電池の構造を図2.3に示す。平型，角型も構成部品は同様である。円筒型は容量に対する密度をとることが難しいが，寸法の標準化がなされているため，大量生産が進んでいる。セル一つ当りの容量が小さいため，大量に搭載する必要があり，電池管理装置にかかるコストが高い点が欠点である。他の二次電池と同様に負極と正極の間に絶縁をするセパレータが設けられ，正負二つ電極が外部に備え付けられている。構造のおもな違いは防爆弁と排気口を設けている点である。

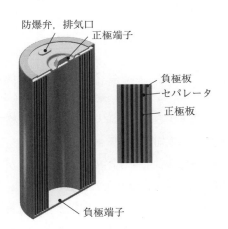

図2.3 円筒型リチウムイオン電池の構造

防爆弁は電池内部がある一定圧力以上になったときに開き，内部の圧力を下げる機能をもっている。また，同時に正極のリードを切断し電流を遮断し，それ以上の圧力上昇を止める機能ももっている。電池内部の圧力が上がる要因は電解質を溶解させる有機溶媒の分解（気化）によるものが主であり，過充電，過放電時に多く発生する。通常動作時にも微量ではあるが起こり続けるため，経年劣化によっても起こる。内部の圧力が上がったままになると正極と負極の短絡が起き，発熱，発火に至る。その保護機能として防爆弁と排気口を設けている。電池管理装置が正常に作動しなくなった，もしくは電池管理装置の動作範囲を超えて電池内部に異常が起こったときのハードウェアとしての対策である。自動車用電池のセルには安全性を担保するため単体の安全性に関する試験を行わなければならない。PSE，JIS（日本），UL，SAE standard（米国）や EUCAR hazard level description（欧州），QC／T743（中国）等に各地域，国の規格が定められている。過放電，過充電に加え，外部短絡，落下や釘刺し等の外力による損傷による対策も講じる必要がある。それは，リチウムイオン電池の溶媒が可燃性であり，異常時に単体で容易に発火，爆発が起こるためである。

　ここで，電池管理装置について解説する。電池管理装置の役割は電池の安定的，効率的な使用である。電池の安定的な使用に必要なことは電圧，電流の検知および，過充電，過放電に対する保護，さらに電池の劣化診断である。**図 2.4** に電池管理装置とセルの関係を示す。

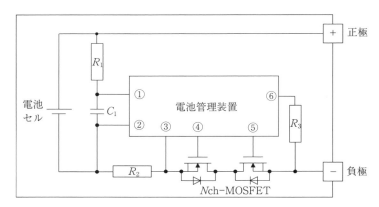

図 2.4　円筒型リチウムイオン電池の構造

　セルの電圧検知を ② の端子を基準電圧とすることで①，② の電位差を検知しながら過充電，過放電の検知ができる。そして状況に応じて④，⑤ に信号を送り，ON–OFF を行い導通，遮断を切り替える。また，① ～ ③ 間の電流検知をすることにより充電時の電流検知を行い，② ～ ③ 間の電流検知を行うことで，放電時の電流検知ができる。この電圧検知，電流検知にはセンサのばらつきやノイズが存在するため，電池の性能をすべて使い切ることができない。そのため，検知制度を向上させることが使用可能な電池容量を向上させることにもつながる。

　電池の劣化診断としては，電池の内部抵抗（インピーダンス）の同定という方法がある。**図 2.5** にリチウムイオン電池の等価回路を示す。ここで R_1 は泳動過程と電荷移動過程の抵抗であり，R_2 は拡散過程の抵抗である。また OCV（open circuit voltage）とは開回路電圧である。

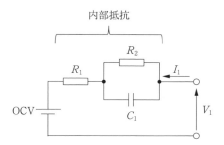

図 2.5　リチウムイオン電池の等価回路

　電池容量とインピーダンスには相関関係があるため，インピーダンスを推定することにより，その電池容量を同定することができる。そのため，インピーダンスの推定手法が重要となる。インピーダンスの推定には二つの課題がある。推定手法そのものと，その電池のインピーダンスの真値をどう定義するかという点である。先に述べた電池容量とインピーダンスの関係は温度やSOC（state of charge）が一定の条件下でのインピーダンス測定である。電動車両で使用するリチウムイオン電池ではSOCや温度を安定させることが難しい。また車両搭載する全セルに対してあらかじめ，温度等に応じたマップを出荷時に検査して学習するという手法は理論上は実施可能であるが，検査に大きなコストと時間がかかるため，大量生産をする製品としては現実的でない。電池容量に対するインピーダンスの真値を精緻な検査なしに推定するというのも一つの課題で研究[8]がなされている。インピーダンスの推定方法は交流電流を流し，インピーダンス成分を計測するというのが最も容易である。電動車両は駐車中には電池を使用しないため，停止中に行うことが可能である。また，電池の劣化診断を精緻に行わずに，使用した出力，時間，充電時間などを車両からクラウドに情報転送し，おおよその劣化状況をクラウド上で診断するという手法[9]も提案されており，ドライバに対して情報を提供するサービスが開始している。

　効率的な使用に必要なことはセルの性能をすべて使い切ることである。**図2.6**に組電池の模式図を示す。模式図のようにセルの電池残量にばらつきがある状態では放電，充電ともに効率的な使用ができなくなる。

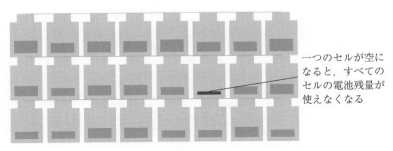

一つのセルが空になると，すべてのセルの電池残量が使えなくなる

図2.6　組電池模式図

　電動車両に使用する駆動電池は組電池として使用するため，一つでもセル容量がなくなった時点で組電池全体の放電が不可能になり，他のセルのSOCが使用できなくなる。充電時にも同様のことが起こり，一つのセルが電圧上限になった時点で充電ができなくなるため，すべてのセルに充電が行き渡らないまま充電を終了することとなる。そこで，まずセルのSOCの正確な把握をするための技術が必要になる。SOCの推定にはOCVを用いる。OCVとSOCの間には電池温度や劣化に依存しないOCV-SOC特性という非線形の対応関係があるため，その対応をあらかじめ知ることで，推定が可能になる。従来，電圧とSOCの関係からSOCを推定するという手法がとられていた。しかし，電池の製造ばらつきによってSOCに対する電圧の

値にばらつきがあることや，検知回路を含んだ電圧センサにも誤差があること，また充電中と放電中でOCV-SOC特性に変化があることなどから，電圧値のみでSOCを推定すると推定誤差が大きくなることが明らかになった。そこで，電流積算型の推定器が提案された。電流積算型の推定は式（2.15）〜（2.17）を用いる。ここで，Qは積算電流である。FCCとは満充電容量と呼ばれる定数である。

$$Q_{(t)} = \int_0^t I_{(t)} dt \cong \sum_{k=0}^n \Delta Q_{(t)} \tag{2.15}$$

$$\Delta Q_{(k)} = \frac{\Delta t}{2}(I_k + I_{k+1}) \tag{2.16}$$

$$SOC_{(t)} = \frac{Q_{(t)}}{\mathrm{FCC}} + SOC_{(0)} \tag{2.17}$$

これによりOCV-SOC特性を利用した電圧センサを用いたSOC推定を使用しつつ，OCV-SOC特性が外れる部分には電流積算型のSOC推定を使用するという手法が提案された。しかし，モードの切替えを行っても，センサのもつばらつきによる誤差を取り除くことはできなかった。そこで，拡張カルマンフィルタ，無香料カルマンフィルタ等を含むカルマンフィルタを使用したものが提案されている。ここでは拡張カルマンフィルタ（extended Karman filter，EKF）を用いたSOC推定を紹介する。SOC推定器の概要図を**図2.7**に示す。計測された電圧と，電流とSOCを入力としたバッテリモデルから得られた電圧を用いてSOCを推定する形となっている。

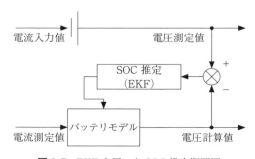

図2.7　EKFを用いたSOC推定概要図

ここで，EKFのモデルを式（2.18），（2.19）に示す。ここでV_{p_k}は電圧の実測値，V_kはバッテリモデルから得られた電圧の計算値，$\widehat{SOC^-}$はSOCの前回値，$\widehat{SOC}$はSOCの更新値であり，Gがカルマンゲインである。

$$y_k = V_{p_k} - V_k \tag{2.18}$$

$$\widehat{SOC} = \widehat{SOC^-} + G(y, k)y_k \tag{2.19}$$

実測の電流を基にした電圧と実測の電圧をともに入力としてカルマンフィルタを用いるた

め，センサのもつばらつきや計算誤差を小さくすることが可能になる。結果として高い推定精度を実現することができる。

　各セルの SOC を知ることができると，セル間の電圧・電力の均等化が行えるようになる。セル間の電圧均等化には二つの手法がある。一つは，MOSFET とそれに接続された抵抗により放電のみを行い，均等化をする放電型である。放電のみによるセルの電圧均等化は回路が簡素で済むという利点はあるが，充電時のばらつきを抑えることが困難である。また，エネルギーを単純に熱に変えて消費するだけであるため，効率も悪い。もう一つの手法は，電圧の高いセルから低いセルへ充電する充放電型である。図 2.8 にそれぞれの方式の回路を示す。

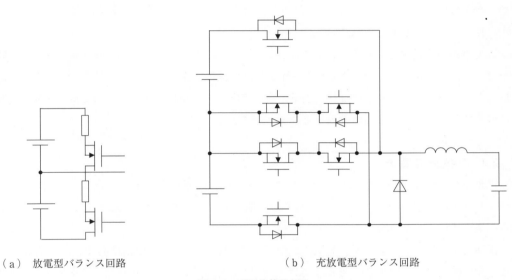

（a）　放電型バランス回路　　　　　　　　（b）　充放電型バランス回路

図 2.8　電圧均等化回路

　充放電型のほうが，回路が複雑になり，かつ制御も複雑になる。しかし，セル間の充放電を行えることで，セルの SOC を余すことなく使用できる。電圧均等化は電池の出力中には行えないため，駐車中に行うこととなる。今後，電力網と接続する際には電池がアクティブな時間が増えるため，均等化に使用できる時間は短くなる。均等化の精度だけではなく，均等化にかかる時間を短くする制御，回路理論が今後は重要になってくる。

〔7〕　**全 固 体 電 池**

　全固体電池はここまで紹介した二次電池の電解質を液体から固体電解質に置き換えたものである。固定電解質になることにより，最も大きく期待されることは，液体では使用できなかった正極材量や負極材料を使用できることである。これにより，リチウムイオン電池の倍以上のエネルギー密度，出力密度が得られる可能性がある。固定電解質は酸化物系と硫化物系に大きく分かれ，その特性も違う。酸化物系の固定電解質は導電率が低く，容量を大きくとることが困難である。硫化物系の固体電解質である $Li_{10}GeP_2S_{12}$ は導電率が $1.2 \times 10^{-2}\,S/cm$ であり，有機電解液と同等の導電率をもつことに対して，酸化物系の固体電解質は導電率の高いものでも

10^{-3} S／cm であるため，性能面では硫化物系が勝る。一方で，酸化物系の電解質は大気に対する安定性が高いため，長期にわたる使用に対しては硫化物系に対して有利である。

　電解質が固体となることで不燃性となり，特にリチウムイオン電池で課題となっていた発火，爆発の危険性がなくなる。リチウムイオン電池では安全性のために防爆弁，排気口等の電池以外の部品が必要であったため，電池の構造全体に対する電解質や電極の割合が小さくなっていた。それらの部品を廃することで容積や重量に対する高容量化，高出力化も期待されている。

　現在量産されているのは基板実装型の小型のものであり，電解質も酸化物系のものであるため，今後はさらに容量・出力ともに向上することが見込める。さらに大型化することで電動車両に使用することが期待されている。

　電動車両の駆動源として多く利用されることとなる二次電池は電池単体の性能・耐久性・安全性向上だけでなく，制御による性能・耐久性・安全性向上がこれからも続くこととなる。高度にそれらを実現するためには材料工学，制御工学双方の知識，観点をもちながら研究・開発に取り組むことで，より高い成果を生むことができる。

2.1.2　各種充電方式

　電動車のエネルギー充填はシステムにより異なる。BEV は蓄電池への充電，PHEV，REV ガソリンの給油および充電，FCV は水素の充填である。ここではおもなエネルギー充填である充電方式について解説する。

　電池は DC 電圧であるため，電力網で使用する AC 電圧からの変換は必ず一度は必要になる。AC 電圧から，DC 電圧に変換するコンバータと充電に関する通信機器，プラグを一体化させたものが充電器である。後で詳細を解説するが，プラグを要しない非接触型の充電器も存在する。

〔1〕　接触式急速充電

　電動車への充電方式にはいくつかの種類があり，それぞれ規格化が進んでいる。ここでは DC での充電規格とその充電器の構成について解説する。それぞれの構成部品については別途解説する。DC での急速充電のおもな規格は CHAdeMO と Combo，GB／T である。それぞれ規格化された地域が違う。CHAdeMO は日本で規格化が開始され，Combo は欧州，北米で規格化された。GB／T は中国の規格である。GB／T は CHAdeMO をベースに開発された規格であるため，内容が似ており，グローバルな互換性を考慮して CHAdeMO と GB／T は協調していく姿勢を見せている。それぞれ通信プロトコルだけでなく，コネクタピン形状，配置も規格化されているため，使用者が誤使用することはない。

　CHAdeMO は日本発の規格であるが，日本のみならず，世界各国で使用されている。アダプタ経由で使用できる車両を含めると 2018 年度には急速対応充電車両の約 44％のシェアを占め，世界で最もシェアの高い規格となっている。国際標準化も進めており，IEEE の DC 充電

規格である IEEE2030.1.1 は CHAdeMO 準拠となっている。CHAdeMO の充電器は CAN 通信とアナログ通信を使用して，車両 ECU から送られてきた情報を基に充電を制御する。

充電器は車両からの要求に対して制御をするため，充電器に求められる性能は要求に対する制御誤差と効率である。車両が変わっても問題なく充電できるようにそれぞれ規格として定められている。代表的な急速充電器の構成を**図 2.9** に示す。濃いアミで示された部分が DC 電圧，薄いアミで示された部分が AC 電圧で動作する部分である。

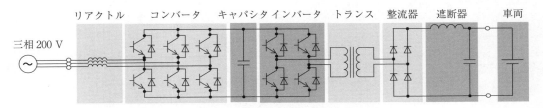

図 2.9 急速充電器の構成

電力網から AC 三相 200 V の電源を得て，そこからリアクトル，AC–DC コンバータを経て一度 DC 電圧に変換する。その後，インバータで DC–AC 変換を行いインバータとトランスで電圧の調整を行う。インバータとトランス，整流器の組合せは DC–DC コンバータであるが，後述のマトリクスコンバータとの構造比較のため，ここでは分離して表現している。その後，整流器にて AC–DC 変換を行い，車両のバッテリに充電される。上記構成となっている理由はコンバータでは電圧の調整ができず，車両に要求される DC 電圧を実現できないためである。AC–DC の変換が 3 回行われることになり，それぞれの過程において損失が発生するという課題と部品点数が大きくなることによる充電器の大型化，高コスト化が課題であった。

この課題解決のために，マトリクスコンバータを用いた急速充電器が用いられるようになっている。マトリクスコンバータを用いた急速充電器の構成を**図 2.10** に示す。

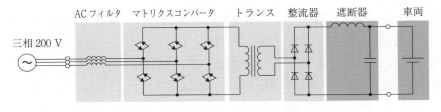

図 2.10 マトリクスコンバータを利用した急速充電器

マトリクスコンバータは AC–DC コンバータと比較すると効率は低いが，出力電圧の調整ができるため，変換回数を減らすことができる。すると，システム全体の損失を減らすことができ，高効率な充電ができる。また，二つ部品の機能をマトリクスコンバータ一つで実現できることで，小型化と低コスト化を実現することができる。マトリクスコンバータの構造については後述する。

〔2〕　接触式普通充電

　三相 200 V の電源は通常，家庭にないため，単相 100 V もしくは 200 V の電源を使用した急速充電器を使用しない充電方式も存在する。規格は日本，米国では SAE J1772 が適用され，欧州では急速充電と同様の枠組みで Combo として規格にまとめている。

　普通充電は，AC の電源を直接車両に接続し，車両に搭載した充電器を介して二次電池に充電を行う。AC の電源ケーブルの途中に漏電検知回路や制御回路を設けているものもある。普通充電器の構成を**図 2.11** に示す。

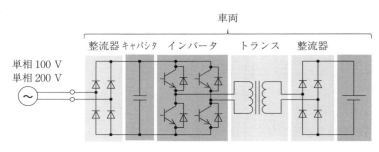

図 2.11　普通充電器の構成

　普通充電器は入力が単相であるため，急速充電器に使用されるコンバータではなく，整流器を用いる。整流器と DC–DC コンバータという組合せで構成される比較的簡素な構造である。容量も 200 V で 3 kW 程度であり急速充電器と比較すると小さいため車両に搭載することが可能である。

〔3〕　接触式大電力充電

　航続距離が短いことが電動車両の大きな課題である。同時に充電の時間が長いことに伴いリスタートできるまでの時間が長いことも課題である。それに対して，最大 350 kW までと充電電力を大電力化することで，充電時間を短くすることが検討されている。また，航続距離が短いことは課題であるものの，ドライバの長時間の運転には休憩が必要であるため，140 km/h で 2 時間程度走行して休憩を 10 分とるという前提に立つと，280 km 走るためのエネルギーを 10 分で充電可能であればそれ以上の航続距離は必要でないということになる。既販車同等の 140 Wh/km の電力消費率の車両を例にとると，280 km 走行するために必要なエネルギーは 39.2 kWh となる。350 kW で充電可能であれば，39.2 kWh の充電を 7 分の充電時間で完了させることができ，上記前提を満たすことができる。

　大電力化の最も大きな制約は電流である。充電器側の最大電流はパワーデバイスの抵抗，耐熱，冷却により決まる。低抵抗化や耐熱性の向上，冷却の向上には大きなコストがかかるため，できる限り小さな電流で充電することが重要である。同じ電力を低い電流で実現するためには充電電圧を上げるということが最も容易な戦略になる。そのため，350 kW 級の接触式充電器を実現するためにも車両に搭載する電池電圧を 800 V 程度に高電圧化するようにシステム設

計する方針を打ち出しているメーカも存在する。また，350 kW 級の充電器で充電を行うには電池の出力密度をいま以上に向上させる必要もあるため，充電設備のみならず，電池の出力密度の向上も必要になる。普通自動車の最大出力は 100 kW 程度で満足できるため，充電のために出力密度を向上させることとなる。通常，電池の出力密度とエネルギー密度はトレードオフの関係にあるため，超急速充電を導入するためにはエネルギー密度を下げる必要がある。同じ重量（走行効率）の車両とすると航続距離が短くなり，充電頻度が上がり，結局使いづらい車になってしまうため，普通自動車ではなく，長距離輸送用大型車用等ユースケースによって使い分けることが想定される。

〔4〕　非接触式充電

接触式充電器のもつ課題解決のために非接触式の充電器が提案されている。接触式充電器の課題は，充電プラグの使用にある。充電プラグは重く，扱いづらい。また，電動車両は給油の頻度と比較して充電の頻度が高いため，充電の手間が使用者の負担となる。さらに，充電プラグの電極部の使用に伴う劣化，破損による交換が必要であり，メンテナンスコストがかかってくるという課題が挙げられる。非接触式の充電器であれば充電プラグが必要なくなるため，接触式充電器の使用に伴う課題を完全に解決できる。一方で，非接触式充電器は接触式充電器と比較すると効率や出力が低い傾向にあるため，その点において改善が必要である。電磁誘導方式の非接触充電器の構成を**図 2.12** に示す。

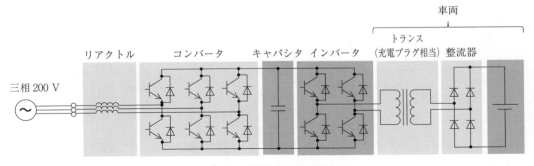

図 2.12　非接触充電器の構成

車両への非接触の電力伝送（wireless power transfer，WPT）を行う方式としては電磁誘導方式，磁界共振結合方式がある。電磁誘導方式の課題は位置精度である。送電コイルと受電コイルの位置がずれると性能が得られなくなるため，使用者が位置決めをする必要がある。位置決めには接触式充電のプラグと似た構造のケーブル付きのトランスを用いる。電極の接触をしないため，充電プラグの電極部の使用に伴う劣化，破損に対する交換は不要になるが，充電の手間は接触式充電器と同様である。デメリットである効率の低下とのトレードオフを考慮すると大きなメリットとはいえず，接触式充電器が優位にある。

電磁誘導方式の位置精度の課題を解決できるのが磁界共振結合方式である。磁界の結合が小

さくても高い効率を実現できるため，送受電コイルの距離が遠い場合や位置ずれが起きた場合にも高い効率を実現できる。電動車両で使用する磁界共振結合方式の周波数や受電コイルの高さ位置，出力は SAE J2954 で国際標準が進んでいる。接触式充電器と比較してまだ標準化から時間が経っていないため，今後も頻繁に改訂がなされることが予想される。磁界共振結合とは回路の LC 共振を利用した手法である。インピーダンスを最小化するために，送受電コイルのもつインダクタンスを相殺するようにコンデンサを用いる。このコンデンサを共振コンデンサと呼ぶ。送電側と受電側のキャパシタンスとインダクタンスの接続関係により，四つの方式に大別される。それぞれの回路構成を図 2.13 に示す。

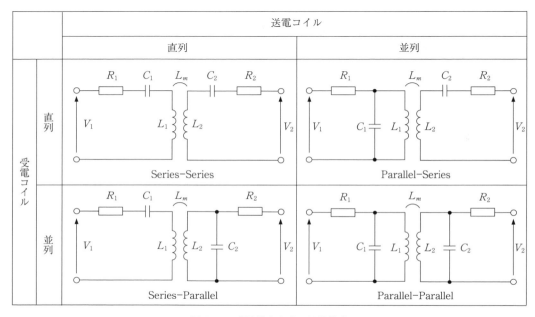

図 2.13　磁界結合方式の回路構成

　送電コイル側のキャパシタンスとインダクタンスが直列の関係にあり，受電コイル側のキャパシタンスとインダクタンスが直列の関係にあるものを Series–Series 方式（SS 方式）という。送電コイル側のキャパシタンスとインダクタンスが直列の関係にあり，受電コイル側のキャパシタンスとインダクタンスが並列の関係にあるものを Series–Parallel 方式（SP 方式）という。そのほか，直列か並列化の違いで PS 方式，PP 方式という。このほかに直列と並列を組み合わせた LCC 回路構成も検討されているが，本書では効率，出力とも高く得ることのできる，電動車両によく用いられる SS 方式について解説する。

　まず，電力電送の課題である効率について解説する。詳細は後述するが，磁界共振結合方式の高効率化には高周波化が必要になる。電動車両で使用できる周波数帯は SAE J2954 で規定されており，81.38 ～ 90.00 kHz の間とされている。これは 100 kHz ～ 数 MHz まではすでにラジオをはじめとする他の通信手段に使用されており，電波の干渉を避けるためである。ま

た，現状 MHz 帯の高速なスイッチングが可能で大出力に耐え得るパワーデバイスがないことも起因している。今後，高速スイッチング可能で大出力可能なパワーデバイスの開発が進めば，MHz 帯も使用される可能性はある。現状は中間値の 85 kHz を用いる機器の開発が進んでいる。

　回路の共振条件はインピーダンスが最小となる点であるため，SS 方式の共振周波数 ω_0 は式 (2.20) を解くことで，式 (2.21) として表される。

$$\omega_0 L - \frac{1}{\omega C} = 0 \tag{2.20}$$

$$\omega_0 = \frac{1}{\sqrt{LC}} \tag{2.21}$$

ω_0 は規格により与えられるため，コイルの L が決まると必要な C は一義的に決まる。しかし，現実には L，C ともにばらつきをもつため，85 kHz を中央として規格の範囲内で最適な周波数を探索しながら使用することで高効率な送電が可能になる。

　つぎに，等価回路からコイル，コンデンサの特性による効率の変化について述べる。SS 方式の等価回路を図 2.14 に示す。

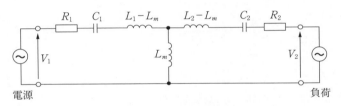

図 2.14　SS 方式の等価回路

　ここからは，C_1 と L_1，C_2 と L_2 の共振周波数はともに ω_0 となっているとして，磁界共振結合方式の非接触充電に関わる制御と設計方法の解説をする。また，ここで紹介する理論は磁気飽和等の非線形性がないことを条件としたうえで使用可能である。磁界共振結合の共振回路はインピーダンスが共振周波数を下限として，共振周波数から遠ざかるほどインピーダンスが増加し，バンドパス特性を有するため，電流波形を正弦波として近似可能である。電源の DC 電圧を V_s〔V〕とすると，矩形波送電のため，送電電圧の実効値は V_s と等しい。そして，バンドパスフィルタを通った後の送電に有効な送電電圧の実行値 V_1〔Vrms〕はフーリエ級数展開より式 (2.22) として与えられる。

$$V_1 = \frac{2\sqrt{2}}{\pi} V_s \tag{2.22}$$

　充電器とする場合は定電圧負荷であるため，電圧は矩形波受電となる。受電側の回路も共振回路となっておりバンドパス特性を有するため，受電に有効な送電電圧の実行値 V_2〔Vrms〕はバッテリ電圧 V_{bat}〔V〕とフーリエ級数展開より式 (2.23) として与えられる。ここで，ダイ

オードの順方向電圧 V_f〔V〕を考慮する必要がある。

$$V_2 = \frac{2\sqrt{2}}{\pi}(V_{bat} + 2V_f) \tag{2.23}$$

ここで，受電側の電流実行値 I_2〔rms〕は電圧方程式を解くと式（2.24）として記述できる。R_1〔Ω〕は送電側回路の抵抗，R_2〔Ω〕は受電側回路の抵抗，L_m〔H〕は相互インダクタンスである。抵抗は交流抵抗の抵抗成分であり磁気回路における渦電流も含まれたものであるため，周波数とともに大きくなる。

$$I_2 = \frac{\omega_0 L_m V_1 - R_1 V_2}{R_1 R_2 + (\omega_0 L_m)^2} \tag{2.24}$$

受電側の電圧源であるバッテリは受電側の電流を妨げるため，等価的な負荷抵抗 R_L〔Ω〕とみなすと式（2.25）として記述できる。

$$R_L = \frac{V_2}{I_2} = \frac{\{R_1 R_2 + (\omega_0 L_m)^2\} V_2}{\omega_0 L_m V_1 - R_1 V_2} \tag{2.25}$$

電圧源を等価負荷抵抗として置き換えることで，送電電圧と受電電圧の比 A_v，送電電流と受電電流の比 A_I は式（2.26），（2.27）のように記述できる。ここで I_2〔rms〕は送電側の電流実行値である。

$$A_v = \frac{V_2}{V_1} = \frac{\omega_0 L_m R_L}{R_1(R_2 + R_L) + (\omega_0 L_m)^2} \tag{2.26}$$

$$A_I = \frac{I_2}{I_1} = \frac{\omega_0 L_m}{R_2 + R_L} \tag{2.27}$$

式（2.26），（2.27）から給電効率 η は式（2.28）となる。

$$\eta = A_v A_I = \frac{R_L(\omega_0 L_m)^2}{R_1(R_2 + R_L) + (\omega_0 + L_m)^2(R_2 + R_L)} \tag{2.28}$$

ここで，η を最大化する R_L が存在し，給電効率を最大化する等価負荷抵抗 $R_{L\eta max}$〔Ω〕は式（2.29）として記述される。

$$R_{L\eta max} = \sqrt{R_2\left\{\frac{(\omega_0 L_m)^2}{R_1}\right\}^2 + R_2} \tag{2.29}$$

そして $R_{L\eta max}$ を，給電効率を最大化する受電側電圧 $V_{2\eta max}$〔V〕として記述すると式（2.30）となる。

$$V_{2\eta max} = \sqrt{\frac{R_2}{R_1}} \frac{\omega_0 L_m}{\sqrt{R_1 R_2 + (\omega_0 L_m)^2} + \sqrt{R_1 + R_2}} V_{11} \tag{2.30}$$

バッテリに直接給電する場合には V_2 がバッテリの SOC によって決まるため，$V_{2\eta max}$ を実現することは困難であるが，電池とコイルの間に DC–DC コンバータを介して給電を行うことで，$V_{2\eta max}$ を実現する電源電圧を与えることができる。電源側の電圧が固定であれば，車両側の制御により最適効率での受電が可能である。

ここでは，回路のパラメータから解説を行ったが，式の簡単化とわかりやすい評価をするた

めに磁界の結合の強さを表す結合係数 k とコイルの効率を表す指標である Q 値で整理することも多い。結合係数 k は式 (2.31)，Q 値は式 (2.32) で表される。結合係数 k は L_1，L_2 をそれぞれのコイルが発生，受け取ることのできる磁束，L_m をコイルの鎖交磁束とした場合の発生，受け取る全磁束に対するコイルの鎖交磁束の割合と捉えることができる。また，Q 値は抵抗に対する発生磁束もしくは受け取れる磁束，つまり損失に対する受電量と捉えることができる。

$$k = \frac{L_m}{\sqrt{L_1 L_2}} \tag{2.31}$$

$$Q_i = \frac{\omega_0 L_i}{R_i} \tag{2.32}$$

k と Q を使用すると理論最大給電効率は式 (2.26)，(2.29) から式 (2.33) として記述できる。

$$\eta_{max} = \frac{k^2 Q_1 Q_2}{(1 + \sqrt{1 + k^2 Q_1 Q_2})^2} \tag{2.33}$$

さらに簡単化のために $x = k^2 Q_1 Q_2$ とすると式 (2.34) として記述できる。

$$\eta_{max} = \frac{x}{(1 + \sqrt{1 + x})^2} \tag{2.34}$$

ここで，x と η_{max} の関係を図 2.15 に示す。

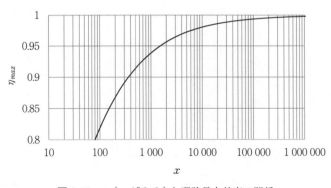

図 2.15 $x (= k^2 Q_1 Q_2)$ と理論最大効率の関係

図 2.15 から x に対して効率は飽和することがわかる。また，横軸は対数であるため，効率が 1 に近づくにつれ，より強い飽和の傾向を示す。この関係と各パラメータの向上にかける工数と費用のバランスをとることがコイル設計においては重要になる。例えば，各コストと Q が線形の関係にあっても WPT のコストパフォーマンスとしては非線形になるということである。x は式 (2.31) と式 (2.32) から，式 (2.35) として表される。

$$x = \frac{(\omega_0 L_m)^2}{R_1 R_2} \tag{2.35}$$

式 (2.34) と式 (2.35) で整理をすると理論的な最大効率は周波数と相互インダクタンス，

送電側の抵抗，受電側の抵抗のみで決まることがわかりやすくなる。先に周波数が高くなると性能向上が見込めると記述したのはここがポイントである。周波数を高くさせることで相互インダクタンスが低くても効率を向上できるため，相互インダクタンスを大きくさせるために使用していたフェライト等のコア材料が不要となったり，より遠い電力伝送が可能となったりと恩恵が得られる。

つぎに電送電力について解説する。受電電力 P〔W〕は式（2.36）として表される。

$$P = I_2 V_2 = \frac{A_v^2}{R_L} V_1^2 \tag{2.36}$$

これより受電電力は送電電圧，電圧比，等価負荷抵抗で決まることから，送電電圧，受電電圧で制御ができることがわかる。ここで，R_L は効率が高いほうがよいことから，$R_L = R_{L\eta max}$ のときについて解説する。$R_L = R_{L\eta max}$ として，k と Q で整理をすると最大効率時受電電力 $P_{\eta max}$ は式（2.37）となる。

$$P_{\eta max} = \frac{V_1^2}{R_1 \sqrt{1 + k^2 Q_1 Q_2}} \eta_{max} \tag{2.37}$$

最大効率時には V_1 に応じた V_2 が一義的に決まるため，V_1 によってのみ受電電力が決まることとなる。またここで，x を導入すると式（2.38）として表すことができる。

$$P_{\eta max} = \frac{V_1^2}{R_1 \sqrt{1 + x}} \frac{x}{(1 + \sqrt{1 + x})^2} = \frac{V_1^2 x}{R_1 (2x + x\sqrt{1 + x} + 2\sqrt{1 + x} + 2)} \tag{2.38}$$

$V_1 = 100$〔V〕，$R_1 = 0.05$〔Ω〕として，x と $P_{\eta max}$ の関係を**図 2.16**に示す。

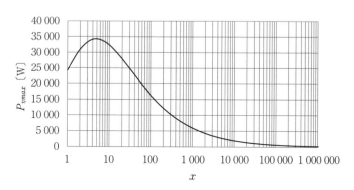

図 2.16 x（$= k^2 Q_1 Q_2$）と受電電力の関係

x が増えると効率は向上するため，x が小さく，効率が極端に低い領域では効率の影響を受けて受電電力が減少するが，それ以外の領域においては効率が向上しても出力が減少していくという特性をもつ。

このことから，磁界共振結合方式を利用した非接触充電器では充電量と効率の双方の要求をバランスよく満たす設計が重要になる。理論最大効率には影響を与えず，受電電力を調整できるパラメータは V_1 であるため，V_1 をできる限り大きく調整できるようにしたい。しかし，

バッテリ電圧，もしくはバッテリを車載の DC–DC コンバータの最大昇圧比で昇圧した電圧と最大効率となる電圧比から V_1 の制約は与えられる。また，充電器の標準化を考えるうえでは電圧と周波数，出力は範囲が定められるため，実際には設計自由度はそれほど大きくない。そのため設計手順としてはある程度，送電側，受電側の電圧範囲を決め，そのなかで実現可能な設計をしていくということになる。

そして，ここでは $R_{Lηmax}$ をとることができるという前提において，性能を示したが，実際には部品のばらつきやコイル位置のばらつきなどにより，一義的に設定したパラメータでは $R_{Lηmax}$ をとることができない。そのため，同時にパラメータ推定やそれに基づいた制御を含めた最適化をすることが重要である。

〔5〕 走行中給電

航続距離の課題解決のために，走行中に給電する手法が提案されている。走行中に給電をすることにより，給電不可能な区間のみを走行できるだけの二次電池を搭載することで，航続距離は無限大となり，走行航続距離の課題を根本的に解決可能である。

さらに，走行中給電には大きな恩恵がある。搭載する二次電池の量を減らすことができるため，車体が軽くでき，走行抵抗を減らすことで走行にかかるエネルギーを減らすことができる。走行中に給電する方法は接触式と非接触式の２種類があるが，双方とも定置型の駐車中給電よりは給電効率が下がる。しかし，車体の軽量化による走行エネルギーの低下のほうが効率低下よりも大きいため，走行中給電を導入することで走行効率は向上する。電動車両導入の最も大きなモチベーションの一つである CO_2 削減に対しても寄与できるということである。上記２点が走行中給電を導入することに対する最も大きなモチベーションである。

また，三つの恩恵が挙げられる。一つ目は，充電の自動化である。充電を自動で行えるため，使用者が充電にかける手間が省ける。二つ目は，充電時間の変遷である。定置型の駐車中給電では充電時間は自動車を使用していない時間に限られていたが，いつでも充電ができるようになる。自動車の使用は人の行動に伴うため，日中に集中し，夜間に充電することになる。現在の発電形態であれば夜間に余剰電力が発生するため，そのままでも大きな問題は生じないが，今後太陽光発電が増えると，日中に余剰電力が発生し，その余剰電力を使用する先として電動車両への充電を選択できるようになることは大きな恩恵であるといえる。エネルギーマネジメントの観点からも有用な手法である。三つ目は，充電場所の分散である。電動車両への高速道路での充電シナリオとして，パーキングエリアやサービスエリアに急速充電器を大量に設置し，大出力の充電を行うことで，休憩時間に充電を完了させてスムーズな使用をするということが挙げられている。ところが，大出力の充電を大量に行うためには電力網に大きな負荷がかかるため，大規模な変電所が必要になる。また，１か所に負荷が集中することで周辺の電力網に対して周波数や電圧の低下が起こるという懸念もある。それに対して路面上での給電では充電場所を分散することが可能になるため，充電電力の集中による問題も生じない。

　走行中給電の手法としては接触式と非接触式がある。接触式の走行中給電として古くから採用されている手法は，電車と同様に架線を用いて充電を行うトロリーバス方式である。しかし，この方式は電車と同様で決められたルートでのみ使用可能であるため，路線バスや高速道路のみで使用可能である。それに対して，路面埋め込み型やガードレール並走型なども提案されている。この方式では充電可能区間の検知の必要があることと，接触式であることから電極の定期交換が必要になるという駐車中給電と同様の課題が存在する。利点は出力や効率であり，接触式では走行中でありながら150 km/hで走行時に450 kWの出力を実現している。

　非接触式給電では磁界共振結合方式を用いたものが提案されている。ここでは，走行中非接触式給電の技術としてコイルの検知手法について解説する。非接触式の送電で重要なことは受電コイルが送電コイルの場所にあるときのみ送電をすることである。接触式の充電器は車両との接続がなければ回路が構成されないため，電流を流すことができず，損失も発生しない。一方で，非接触式の場合，送電コイルは回路となっているため，電圧を印加しておくと送電コイルには電流が流れ，充電にまったく使用されない損失がつねに発生することとなる。送電時の効率が高くとも，時間平均とすると効率が下がることになる。コイルを検知し，コイルがないときは送電せずに，コイルがあるときのみ送電することで待機電力を最小化することができる。車両の検知方法としては，すでに超音波や赤外線，レーダを用いたものや路面の重量，電磁誘導コイルを用いたものがあるが，それらの目的は車両の台数や有無の把握であり，コイルの検知にそのまま使用することは困難である。また，カメラやレーダを用いるとコストが大きくなる。そのため，送電側の電流検知によるコイルの有無判別法が提案されている。検知方法の概要を図2.17に示す。

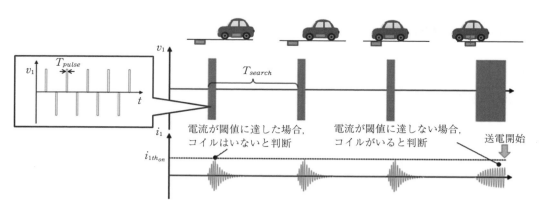

図2.17 受電コイルの検知方法

　受電コイルが送電コイルの上にあり，磁界共振結合が起こっている場合送電側の電流 I_1 〔Arms〕は式（2.39）で表される。

$$I_1 = \frac{R_2 V_1 + \omega_0 k \sqrt{L_1 L_2}\, V_2}{R_1 R_2 + \omega_0{}^2 k^2 L_1 L_2} \tag{2.39}$$

　ここで，ω_0 は他のパラメータに対して十分大きいため，受電コイルが送電コイルの上にある場合は，ない場合と比較して小さくなることがわかる。そこで，極短時間のサーチパルスをある周期で発生させる。このモードをサーチモードとする。そして，閾値 $i_{1th_{on}}$ を送電コイルに設定し，$I_1 > i_{1th_{on}}$ のときは受電コイルが送電コイルの上にないと判断し，$I_1 < i_{1th_{on}}$ のときは受電コイルが送電コイルの上にあると判断し，送電を開始する。送電を継続し，再度 $I_1 > i_{1th_{on}}$ となったときに送電を停止し，サーチモードに戻る。ここで，検知精度向上のために I_1 の代わりに包絡線モデルを用いることや I_1 の微分値を使用して検知する場合もある。

2.2　パワーエレクロトニクス

　ここでは，パワーエレクトロニクスとして電力変換装置の解説を行う。電力変換とは電力の形式，もしくは電圧を意図的に変換することである。そのため，回路抵抗による電圧降下は電力変化とはいわない。直流から交流，もしくは交流から直流に変換するもの，または直流電圧の変換，交流電圧の変換である。

　具体的には双方向の昇圧コンバータである DC–DC コンバータ，DC から AC への変換を行うインバータ，充電器に使用される AC から AC への変圧を行うマトリクスコンバータ，AC から DC への変換を行う整流器について解説を行う。さらに，それぞれの電力変換器に必要なパワーデバイスについても解説する。

　また，それぞれのコンポーネントのパワーデバイスの損失モデルについて解説をする。

　ここで紹介する部品の損失の多くはパワーデバイスのスイッチングで消費されるものである。スイッチングによる損失を把握することにより，各コンポーネントのおおよその損失がわかり，システムとして動作させるときに動作範囲内で最も効率のよい動作を探すことができ，その際の損失も知ることができる。最終的には精緻な数値計算ソフトウェアを用いることになるが，その前段階のシステムとしての動作の組合せを絞り込む際には十分な精度をもつことができる。

　パワーデバイスとは半導体を用いたスイッチング素子であり，そのなかでも大出力なものを特にパワーデバイスと呼ぶ。近年，小型化のためにパワーデバイスを複数組み合わせ，センサも内包し，一体成型したパワーモジュールと呼ばれる製品も発表されている。

　パワーデバイスの損失は大きく導通損とスイッチング損に分けられる。パワーデバイスの損失の発生を時系列に並べたものを**図 2.18** に示す。

　パワーデバイスを ON にした状態で生じる損失を導通損，ON から OFF または OFF から ON へのスイッチング時の損失をスイッチング損と呼ぶ。絶縁ゲート型バイポーラトランジスタ（IGBT）の場合，導通損 L_{on}〔W〕はコレクタ飽和電圧 V_{ce}〔V〕とコレクタ電流値 I_c〔A〕の積に導通時間の割合であるデューティ比 D をかけて式（2.40）として表される。

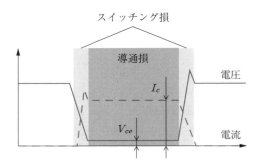

図 2.18　パワーデバイスで発生する損失

$$L_{on} = I_c V_{ce} D \tag{2.40}$$

MOSFET の場合は ON 抵抗 R_{on}〔Ω〕と電流値 I_c〔Arms〕，オームの法則によって簡単に式（2.41）として表すことができる。

$$L_{on} = I_c^2 R_{on} D \tag{2.41}$$

スイッチング損を算出する方法はいくつか提案されているが，パワーデバイスのデータシートを用いることが最も簡単かつ高精度に算出可能である。ゲート抵抗に対する損失と電流値に対する 1 回のスイッチングで発生する損失がまとめられている。スイッチング損 L_{switch}〔W〕は式（2.42）によって表される。ここで，f_0〔Hz〕はスイッチング周波数，E_{on} はスイッチ ON 時の損失，E_{off} はスイッチ OFF 時の損失である。E_{on}，E_{off} ともに I_c が増加すると増加し，ゲート抵抗が増加すると増加する。これは，スイッチングにかかる時間が長くなるためである。

$$L_{switch} = f_0 (E_{on_{(I_c, R_g)}} + E_{off_{(I_c, R_g)}}) \tag{2.42}$$

PWM 制御時にはソースと負荷の状況によってパルス幅が変わるため，式（2.42）で表すことはできない。そのため，PWM 使用時のスイッチング $L_{PWMswitch}$〔W〕は式（2.43）のように表す。ここで，$N_{PWMswitch}$ は基本波 1 回当りの PWM のスイッチング回数，t_{PWM} は基本波 1 回当りの時間（基本周波数の逆数）である。モータを駆動するインバータを想定すると，$L_{PWMswitch}$ はモータの起電力とインバータの入力で決まるため，インバータの入力を適切に制御することでインバータの損失を低減できることがわかる。

$$L_{PWMswitch} = \frac{N_{PWMswitch}}{t_{PWM}} (E_{on_{(I_c, R_g)}} + E_{off_{(I_c, R_g)}}) \tag{2.43}$$

このほかにもフリーホイールダイオードで発生する損失等も存在するが，上記スイッチング損に含まれてデータとしてまとめられていることが多いため，上記計算を行えば同時に考慮されることとなる。

パワーデバイスはシリコン（Si）を用いたものが広く使用されている。そして現在，開発が進められているパワーデバイス材料としてシリコンカーバイド（SiC）やガリウムナイトライド（GaN）が挙げられる。SiC は 2020 年現在，新幹線用電力変換器等の一部製品として使用され

ている。GaN はパワーデバイスとしての使用はされていないが，青色発光ダイオードの材料と
して広く使用されている。パワーデバイスの高周波動作における材料固有の限界性能の指標で
あるバリガー性能指数（Baliga's figure-of-merits, BFOM）は式（2.44）で示される。ここで
ε〔F/m〕は誘電率，μ_e〔cm^2/Vs〕は電子の移動度，E_c〔MV/cm〕は臨界電界強度である。

$$\mathrm{BFOM} = \varepsilon \mu_e E_c{}^3 \tag{2.44}$$

Si の BFOM を 1 としたときに SiC の BFOM は 548 程度，GaN は 608 程度であるため，SiC
と GaN のポテンシャルの高さがわかる。SiC は電流容量，GaN は耐圧が課題であるが，これら
の課題を構造的に解決して，普及することが期待されている。

2.2.1 DC-DC コンバータ

DC-DC コンバータは双方向の昇圧コンバータである。DC-DC コンバータの解説の前に，
まず降圧と昇圧の原理と回路に触れておく。降圧するコンバータはバックコンバータ（buck
converter），もしくはダウンコンバータ（down converter）と呼ばれる。最も簡単な回路とし
てチョッパ方式の降圧コンバータの回路を図 2.19 に示す。スイッチとリアクトル，ダイオー
ドを負荷に接続した回路である。動作時の電圧，電流を図 2.20 にまとめる。

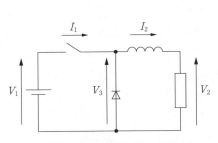

図 2.19 チョッパ型降圧回路

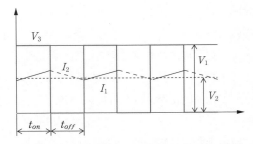

図 2.20 チョッパ型降圧回路動作時の電圧，電流

スイッチ ON のとき（t_{on}）には電源電圧はリアクトルと負荷に印加される。そして，スイッ
チ OFF のとき（t_{off}）に I_1 は 0 になるが，I_2 はダイオードを通って，リアクトル，負荷を通り，
減衰しながら循環する。これは，電流を循環させるダイオードのため，還流ダイオードとも呼
ばれる。再度スイッチ ON になると I_1 が増加する。降圧チョッパの電圧変換率 V_2/V_1 は t_{on}
〔s〕と t_{off}〔s〕の比率で決まり，式（2.45）で表される。また右辺は通電サイクルに対する通
電時間を表し，デューティ比と呼ばれる。

$$\frac{V_2}{V_1} = \frac{t_{on}}{(t_{on} + t_{off})} \tag{2.45}$$

つぎに，昇圧するコンバータについて解説する。昇圧コンバータはアップコンバータ（up
converter），もしくはブーストコンバータ（boost converter）と呼ばれる。最も簡単な回路と
してチョッパ方式の昇圧コンバータの回路を図 2.21 に示す。降圧コンバータと比較するとコ

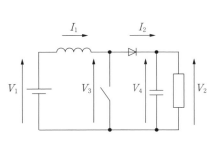

図 2.21　チョッパ型昇圧回路

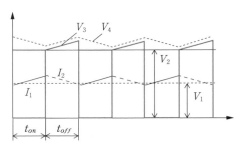

図 2.22　チョッパ型昇圧回路動作時の電圧，電流

ンデンサが追加され，接続も変わっている。動作時の電圧，電流を**図 2.22** にまとめる。

スイッチ ON でリアクトルにエネルギーが蓄えられ，スイッチ OFF で負荷とコンデンサに蓄えられたエネルギーを放出する。電圧変換率 V_2/V_1 は式 (2.46) となる。デューティ比が高いほど，昇圧率は低くなる。

$$\frac{V_2}{V_1} = \frac{(t_{on} + t_{off})}{t_{off}} \tag{2.46}$$

昇圧比を高くするためにはデューティ比を下げることになる。するとスイッチ OFF の時間が長くなるため，コンデンサ容量を大きくする，もしくはスイッチング周波数を高くすることで対応する。コンデンサ容量を大きくするとコンデンサが大きくなるだけでなく，電圧や電流の振動（リプル）が大きくなる。そのため，同じ回路を使用して昇圧比を高くするためには，スイッチング周波数を高くすることで対応することとなる。そしてスイッチング周波数を高くすることはパワーデバイスのスイッチングロスを大きくすることにつながるため，昇圧コンバータでは昇圧比が高ければ高いほど，効率が悪くなる。

続いて，昇圧コンバータと降圧コンバータの双方の機能を兼ね備えた昇降圧コンバータについて解説する。昇降圧コンバータはブーストバックコンバータ（boost-buck converter）と呼ばれる。昇降圧コンバータの回路を**図 2.23** に示す。回路を構成する部品は昇圧回路と同様であるが，接続が異なる。また，負荷電圧がかかる方向が逆になる。動作時の電圧，電流を**図 2.24** にまとめる。

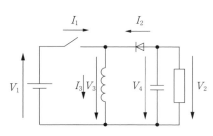

図 2.23　チョッパ型昇降圧回路

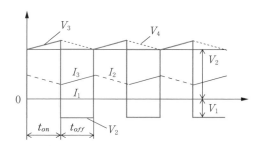

図 2.24　チョッパ型昇降圧回路動作時の電圧，電流

リアクトルのエネルギーの出し入れは昇圧回路と同様になるが，エネルギーの放出をする際に電源とリアクトルが直列の関係になっていないことで，電圧を 0 から調節可能となるため，昇圧，降圧の双方で動作が可能となる。電圧変換率 V_2/V_1 は式（2.47）となる。

$$\frac{V_2}{V_1} = \frac{t_{on}}{t_{off}} \tag{2.47}$$

どのような電圧にするにもスイッチングをする必要があるため，つねにスイッチング損失が発生することとなり，効率は高くできない。

電動車両駆動用の DC–DC コンバータは回生をする必要があるため，駆動時には電池から昇圧して出力し，回生時には負荷側から降圧して回生する必要がある。上記要求を満たす回路構成を**図 2.25** に示す。

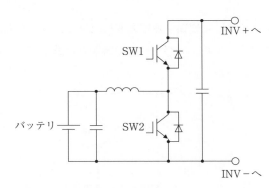

図 2.25 電動車両の駆動用 DC–DC コンバータ回路

SW1 をつねに ON にしつつ SW2 をスイッチングするとバッテリーからの昇圧回路となっており，SW2 をつねに ON にしつつ SW1 をスイッチングするとインバータからの降圧回路となっている。この二つを使い分けることにより，力行，回生に対して対応することが可能になる。

ここまで紹介した回路は非絶縁型のチョッパ型の回路である。これに対して電動車両の充電ではより安全なトランスを用いた絶縁型のコンバータを用いることが多い。絶縁型のコンバータとは入力と出力の電気回路が電気的に接続されていないコンバータのことである。ここからは絶縁型のコンバータであるフルブリッジコンバータについて解説する。

フルブリッジコンバータの回路構成を**図 2.26** に示す。単相インバータで AC 変換し，トランスで電圧を昇圧する。そして，整流器で再度 DC に変換することで，昇圧コンバータとして使用することができる。インバータ，整流器については後述する。トランスはコアにコイルを巻き付け，AC 電流を流すことによって磁界を発生させ，受電側コイルで発生した磁界による起電力を得ることで磁気的な結合による電力電送を行う部品である。非接触式給電で解説した磁界共振結合方式との違いは位置ずれやギャップを考慮する必要がなく，送電側と受電側で鉄

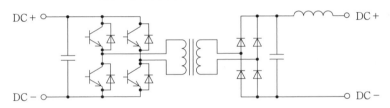

図 2.26　フルブリッジコンバータ回路

芯を共通して使用することが可能なため，1 に近い結合係数を実現できることである。そのため，周波数を高くする必要がなく，高周波特性のよいスイッチング素子を使用する必要がない点が大きな利点となる。

2.2.2　インバータ

インバータとは DC 電源を AC に変換する電力変換装置である。充電器では単相の AC 電源に変換するために使用される。単相インバータの回路構成を**図 2.27** に示す。

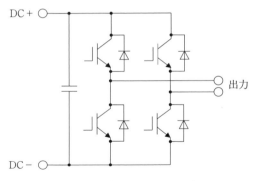

図 2.27　単相インバータ回路

四つのパワーデバイスを使用して，DC–DC コンバータのように一定周期でのパルスで電圧制御を行うと電流波形をきれいな正弦波状にすることができない。そこで，パルス幅を変えながら制御を行うパルス幅変調（pulse width modulation，PWM）制御を使用する。PWM 制御の電圧波形例を**図 2.28** に示す。

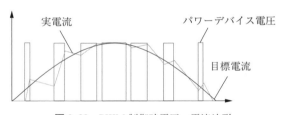

図 2.28　PWM 制御時電圧・電流波形

　ここでは簡単化のために実電流が正弦波状になっていないが，実際には回路内のインダクタンスとコンデンサにより，フィルタ作用が起こるため，高調波成分は除去されることとなる。PWM 制御を行うことで，正弦波駆動に近い電流を実現することができる。

　電動車両車載用としてはモータへの駆動用電源装置として使用される。電動車両用モータはコスト，振動，効率，出力密度の観点から三相交流の電源を使用することを前提としている。三相インバータの回路構成を**図 2.29** に示す。単相インバータは四つのパワーデバイスを使用するが，三相交流は 120° の位相ずれをしながら六つのインバータのパワーデバイスで実現できる。そのため，パワーデバイスの使用数に対する駆動相数が増すこととなり，出力密度を向上することができる。DC-DC コンバータではインダクタを備えていたが，モータの巻線がインダクタとしての役割を果たすため，不要である。コンデンサは昇圧コンデンサ同様に電源と並列に配置される。

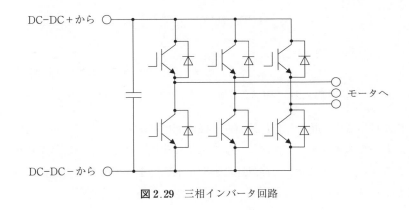

図 2.29　三相インバータ回路

　モータの駆動にはモータの逆起電力より高い電圧を印加する必要がある。モータの逆起電力は正弦波状になるように設計し，また電流制御も正弦波状にすることが一般的である。PWM 制御のキャリヤ周波数という。スイッチング周波数の最大周波数がキャリヤ周波数ということになる。キャリヤ周波数が高くなるとスイッチング回数が多くなるため，スイッチング損が大きくなる。パワーデバイスの損失はキャリヤ周波数を上げることで，増えることとなる。一方で，ON 区間と OFF 区間をより短く制御可能になるため，電流の脈動を小さくでき，モータの損失を減らすことができる。システムとしての最大効率はキャリヤ周波数を変えることで変化するため，インバータのみではなく，モータを含んだシステム効率を考慮する必要がある。モータの損失については 3 章で詳細を述べる。

　また，電流の脈動はモータのコイルを振動させるため，キャリヤ周波数の騒音がモータから発せられることとなる。人間の可聴域は 20 Hz ～ 20 kHz 程度とされているため，キャリヤ周波数が低いと騒音につながる。そのため，キャリヤ周波数を固定ではなく，動的かつランダムに変化させることで聞こえづらくしたり，その騒音を逆手にとり，キャリヤ周波数に音色を付

けたりする場合がある。

2.2.3　マトリクスコンバータ

　電動車両の充電器はグリッドの AC 電源を DC に変換し，電圧制御をした後にさらに AC 電源に変換し，トランスを介して DC に変換して，車両に充電する。AC 電源を直接制御できるようにするために使用されるものがマトリクスコンバータである。マトリクスコンバータの回路構成を**図 2.30** に示す。

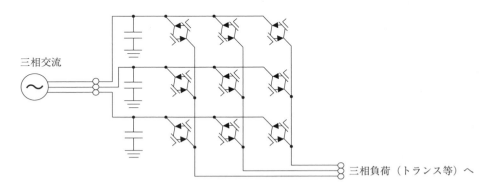

図 2.30　三相入力三相出力マトリクスコンバータ

　入力の各相から出力の各相すべてに順方向と逆方向の IGBT を備えている。三相入力，三相出力の場合，九つのスイッチング部がマトリクス状に配置されることからマトリクスコンバータと呼ばれる。逆バイアスに対して高耐圧な逆阻止 IGBT を使用して逆流防止のダイオードを廃止することでダイオードによる電圧降下を押さえることができるため，マトリクスコンバータには逆阻止 IGBT を使用する場合が多い。

　三相出力の動作の解説は複雑になるため，単相出力の場合を例にとって動作を解説する。単相出力の場合の回路構成を**図 2.31**（ａ）に示し，解説のためにスイッチング素子を分解して配置した回路構成を図（ｂ）に示す。

　出力電圧 V_{mat}〔V〕はスイッチング素子の ON-OFF タイミングにより，入力の三相いずれかの線間電圧になる。V_{mat} の動作を**図 2.32** に示す。実線が出力電圧 V_{mat} であり，破線が入力電圧の線間電圧である。

　接続する線を切り替えることによって，電源周波数よりも遅い周波数に変換できていることができていることがわかる。実際に負荷にかかる電圧 V_{out}〔V〕はインダクタにより平滑化されるため，正弦波状になる。AC から AC への直接変換とすることで，損失を減らす効果と機器の小型化が実現可能になる。

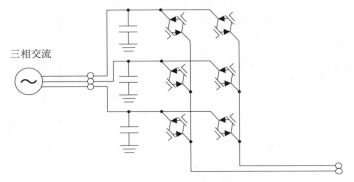

（ａ）　単相出力の場合の回路構成

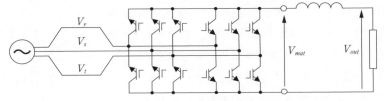

（ｂ）　スイッチング素子を分解して配置した回路構成

図2.31　三相入力単相出力マトリクスコンバータ

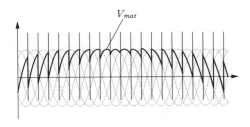

図2.32　マトリクスコンバータの動作例

2.2.4 整　流　器

AC 電源を DC に変換することを整流という。整流するためには整流回路が必要である。整流回路としてはダイオードを用いた非同期整流器とスイッチング素子を用いた同期整流がある。非同期整流回路を**図2.33**（ａ）に示し，同期整流回路を図（ｂ）に示す。同期整流回路ではスイッチング素子の ON タイミングを合わせる必要がある。図（ｂ）で示した実線囲みの組合せのスイッチング素子を SW1 とし，破線囲みの組合せのスイッチング素子を SW2 とする。SW1 が ON のとき SW2 は OFF，SW2 が ON のとき SW1 は OFF となる。

非同期整流はダイオードのみの構成であるため安価であるが，式（2.48）で表されるダイオードの電圧降下による損失が大きい。

$$L_{diode} = I_{diode} V_{down} \tag{2.48}$$

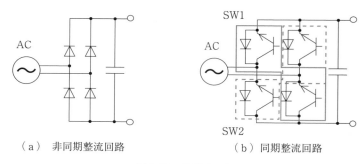

（a）　非同期整流回路　　　　　　　（b）　同期整流回路

図2.33　整 流 回 路

　ここで，L_{diode}〔W〕はダイオードで発生する損失，I_{diode}〔A〕はダイオードに流れる電流，V_{down}〔V〕はダイオードでの電圧降下である。ダイオードの電圧降下は一定ではなく，電流や温度よって変化するため，モデル化する際には定数ではなく，変数となる。

　一方で，同期整流器ではFETやパワーデバイスを使用して整流を行う。同期整流器では電圧が0になるタイミングでスイッチングすることによりスイッチング損失を0にすること（zero voltage switching，ZVS）ができるため，損失はON抵抗によるもののみとなり効率を高くすることができる。同期整流時のスイッチングタイミングを図2.34に示す。

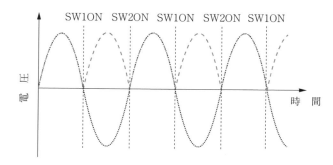

図2.34　同期整流のスイッチングのタイミング

　実態としては制御の遅れなどにより理想的なスイッチングは不可能であるため，少量のスイッチング損は発生するが，簡易なモデルとしてはON抵抗のみの考慮でよい。同期整流による損失低減効果は大きいが，スイッチング素子とセンサ，制御回路のコストがかかるため，同期整流の選択はコストとのトレードオフとなる。SiCやGaNといった次世代の低ON抵抗素子が広く使用可能になる場合や，非接触給電器などのより高い効率を求められるデバイスでの整流には同期整流が用いられることになるであろう。

引用・参考文献

1) 野々口正雄：第3章 改良形鉛電池，電氣學會雑誌，**103**，8，pp.771-773（1983）

2) 神田 基：新しい電池－21世紀を目ざす新しい電池 4.水素を用いる二次電池，電気化学および工業物理化学，**50**，1，pp.13-15（1988）

3) 野上光造，盛岡勇次，石倉良和，古川修弘：密閉型ニッケル・水素蓄電池の工業化，電気化学および工業物理化学，**61**，8，pp.977-981（1993）

4) 神田 基：ニッケル－水素蓄電池：環境に優しいパワーソース，化学と教育，**43**，2，pp.80-83（1995）

5) 高見則雄，小杉伸一郎，本多啓三：耐久性と安全性に優れたハイブリッド自動車用新型二次電池 SCiB，東芝レビュー，**63**，12，pp.54-57（2008）

6) 北野真也，西山浩一，鳥山順一，園田輝男：電気自動車用大形リチウムイオン電池「LEV50」とそのバッテリーモジュール「LEV50-4」の開発，Yuasa Technical Report，**5**，1，pp.21-26（2008）

7) 科学技術振興機構 低炭素社会戦略センター：低炭素社会の実現に向けた技術および経済・社会の定量的シナリオに基づくイノベーション政策立案のための提案書（2018）

8) 乾 義尚，坂本眞一，田中正志：インピーダンスと起電力測定に基づくリチウムイオン電池の劣化と電圧応答の検討，電気学会論文誌B，**136**，7，pp.636-644（2016）

9) Adhikaree, A., Kim, T., Vagdoda, J., Ochoa, A., Hernandez, P. J., and Lee, Y.：Cloud-based battery condition monitoring platform for largescale lithium-ion battery energy storage systems using internet-of-things (IoT), 2017 IEEE Energy Conversion Congress and Exposition (ECCE), pp.1004-1009（2017）

3 電動車両のモータとその制御

本章では，電動車両における駆動力を発生させるモータについて述べる。モータは漢字で表現すると電動機である。電気的エネルギーを機械的エネルギーに変換するものが電動機である。その電動機のなかでも電気的エネルギーを回転運動に変換するものは回転電動機と呼ばれる。また，一般的にはモータースポーツ，モーターショー等で使用されるように「モーター」という表記が一般的ではあるが，そうではなく「モータ」と表記する理由は，モータが JIS Z 8301 や各学会により定められている呼称，表記方法であるためである。そのため，本章で扱うモータは厳密に表現をすると回転電動機ということになる。電動車両ではさらにモータの回転運動をタイヤと車軸によってさらに直進運動に変える。モータの原理はフレミングの左手の法則によって説明をすることが多い。しかし，フレミングの左手の法則は鉄芯のないコイルと永久磁石を使用した場合の動作原理のみを説明可能である。電動車両用モータのみならず，ほとんどのモータは磁界の有効活用のために鉄芯を用いる。鉄芯を用いる場合にはマクスウェルの応力を用いて説明することが求められるが，専門外の場合，即座に理解することは困難である。そこで，ここでは最終的なエネルギーの観点，もしくは起電力の観点からはフレミングの左手の法則と同一になるため，マクスウェルの応力による説明は省略する。

本章が対象とするのは，おもに電気動力システムを構成するコンポーネントである電池，電力変換装置，動力のハードウェア，ソフトウェアの研究，開発に関わる研究者，開発者である。初めに電動車両に最もよく使用される永久磁石同期モータについて解説する。また，電動車両の高速走行に適した誘導モータについて解説を行う。さらに，モータの制御についても解説を行う。

3.1 永久磁石同期モータ

3.1.1 構　　造

永久磁石同期モータ（permanent magnet synchronous motor，PMSM）は回転子（ロータ）に永久磁石を用いたモータである。永久磁石同期モータには磁石の配置方法として，表面貼り付け型（surface permanent magnet，SPM）と内部配置型（interior permanent magnet，IPM）の2種類がある。SPM と IPM の構造例として8極12溝のモータを**図3.1**に示す。ロータとステータのギャップに向かった永久磁石のS極，N極の数を極と表し，コイルが入る部分を溝（スロット）という。またコイルが巻かれる電磁鋼板（鉄芯）部分を歯（ティース）という。

SPM の利点は永久磁石の表面がエアギャップにあるため，永久磁石がもつ磁束を有効に活用できる点である。欠点は磁石を保持するための構造を構成する必要がある点である。一方で，IPM の利点はロータの電磁鋼板内に永久磁石を配置することができるため，機械的な保持

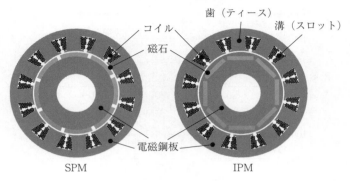

図 3.1 SPM と IPM

が容易である点である。また，電磁鋼板に磁束が通る際に発生するトルクを利用することでより高いトルクを得られる点である。永久磁石の磁束とコイルが発生する磁界によるトルクをマグネットトルクと呼び，ロータの電磁鋼板に対するコイルの磁気吸引力により発生するトルクをリラクタンストルクと呼ぶ。リラクタンストルクの発生はフレミングの左手の法則ではまったく説明ができない。ここでは感覚的に理解ができるように，永久磁石を鉄に近づけるときに発生する回転力を**図 3.2**に示す。

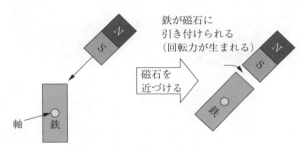

図 3.2 リラクタンストルクの原理

永久磁石の距離を近づけることは無通電のコイルに徐々に電流を流すことと同様である。また，ここでの回転はクリップなどの細長い形状をした鉄（磁性体）に永久磁石を近づけると先端から近づいてくることと同様である。マグネットトルクとリラクタンストルクの関係を表す模式図を**図 3.3**に示す。

磁石は二つの極があるため，マグネットトルクは正のトルクを発生させる位相と負のトルクを発生させる位相が電気角 1 周期で 2 回存在する。それに対して，一般にリラクタンストルクは位相がずれて倍の周期で発生する。そのため，IPM の最大トルクを発生させる電流位相はマグネットトルクを最大化する位相ではなくなる。また，マグネットトルクとリラクタンストルクの割合はモータの構造により変化する。モータの低コスト化のために磁石の使用量を小さくしつつトルクを向上させることが求められるため，リラクタンストルクを大きくとる構造が求

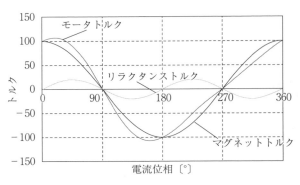

図3.3 マグネットトルクとリラクタンストルク

められる。リラクタンストルクを大きくとるためにはコイルと永久磁石の間の電磁鋼板の量を増やす必要があるため，永久磁石のV字配置やC字配置といった方法がとられることが多い。永久磁石のV字配置とC字配置の概要図を**図3.4**に示す。

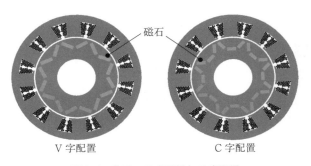

図3.4 磁石のV字配置とC字配置

　続いて，コイルについて解説する。コイルの巻き方には集中巻と分布巻があり，分布巻のなかに複数の巻き方が存在する。集中巻とは一つのスロットに対して1相のコイルを巻く方法であり，分布巻とは複数のスロットにまたがってコイルを巻く方法である。集中巻は電磁鋼板に対して巻き付けることが容易であるため，スロットの断面積に対するコイルの断面積（占積率）を高くすることができる。また，占積率だけでなく，軸方向のコイル高さ（コイルエンド）も短くできるため，軸方向の寸法を小さくすることができることが利点である。それに対して分布巻は，永久磁石の磁束やコイルが発生する磁束をどれだけ有効活用できるかという指標である巻線係数を向上させることができることや，極数に対してスロット数を大きくできることにより，コギングトルクやトルクリプルといったモータの振動を小さくすることができることが利点である。巻線係数は式（3.1）で表される短接巻係数 k_p と式（3.2）で表される分布（巻）係数 k_p の積であるため，式（3.3）として表される。ここで P_m は1極当りの角度である磁極ピッチ〔°〕であり，P_c は1コイル当りの角度であるコイルピッチである。集中巻の場合はコイルピッチとスロットピッチは同様であるが，分布巻の場合はスロットをまたいでコイルを巻

くため，コイルピッチとスロットピッチは異なる。また，N_{s_u} は U 相の巻線数，θ_i は U 相通電時の永久磁石に対するコイルの位相ずれである。スロットは一様に配置されるとしているため，代表して U 相[†]を使用している。一般的に，2 極 3 溝の整数倍の組合せの構造を採用するのは磁石に対するコイルの位相ずれがなくなるためである。また，2 極 3 溝の整数倍の組合せの構造を整数溝巻線（integral slot winding）といい，それから外れるものを分数溝巻線（fractional slot winding）という。

$$k_p = \sin \frac{\pi}{2} \frac{P_m}{P_c} \tag{3.1}$$

$$k_d = \frac{\displaystyle\sum_{i=1}^{N_{s_u}} \cos \theta_i}{N_{s_u}} \tag{3.2}$$

$$k_w = k_p k_d \tag{3.3}$$

永久磁石同期モータの DC モータに近づければ近づけるほど磁束の有効活用ができることとなる。ここで気を付けることは，巻線係数は磁束分布が正弦波状であるという前提付きのため，実際の設計には上記計算に加え，有限要素法を用いるなどして精緻な計算が必要になるという点である。

電動車の駆動用モータには分布巻きの欠点である占積率の低さとコイルエンドの高さを克服するために開発された巻線である SC（segment conductor）巻線を採用することが多い。SC 巻線は従来の丸形の巻線をティースに巻くのではなく，角型の巻線をあらかじめスロットに挿入できる形に成形しておき，挿入後に溶接し，溶接部に絶縁処理を施すことによりコイルとする手法である。これにより集中巻を超える占積率を実現可能となり，コイルエンドも集中巻に匹敵する低さに抑えることが可能となった。SC 巻線の課題は高い生産技術が重要であり，さらに大きな設備導入が必要であるため，多くの台数が販売されるモータにしか採用できない点である。

一方で，集中巻でも分数溝構造を採用することで分布巻と同等の巻線係数や振動の低減が可能であるため，分数溝構造も注目されている。しかし，分数溝構造には巻線の相の偏りによる振動などいままでなかった課題が存在し，またコイルと磁極の位置関係が場所により異なるため，高速回転時に使用する弱め界磁制御が使用しづらいといった課題も存在する。

3.1.2 磁 石 材 料

つぎに，モータに使用される永久磁石について解説する。モータに使用される永久磁石としてはフェライト（$MO_6Fe_2O_3$），サマリウムコバルト（Sm–Co），ネオジム（Ne–B–Fe）磁石が挙げられる。**図 3.5** にそれぞれの磁石の最大エネルギー積とおおよその普及時期を示す[1)~4)]。

[†] インバータに接続される 3 本の配線をそれぞれ U 相，V 相，W 相と呼ぶ。

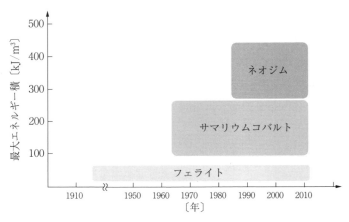

図 3.5　磁石の種類と最大エネルギー積

　フェライト磁石は，最大エネルギー積は小さいが，非常に安価である。車両搭載用であると，パワーウィンドウ用等，小型モータに使用されることが多い。サマリウムコバルト磁石はフェライトよりも最大エネルギー積が大きいため，小型で高出力なモータに使用される。また，熱への耐性が高いため，密封した場所での使用に適している。ネオジム磁石と比較すると安価であるが，フェライト磁石よりは高価であるため，ネオジム磁石に置き換えられる場合が増えている。ネオジム磁石は現在広く普及している磁石のなかで最も最大エネルギー積の高い磁石である。電動車両に使用するモータへの要求は小型，軽量，高効率である。磁石のもつ最大エネルギー積と特に最高効率を追求するよりも搭載性や走行にかかるエネルギーの削減のために小型化，軽量化が求められる場合が多い。そのため，駆動用モータに使用される永久磁石は基本的にネオジム磁石である。ネオジム磁石の使用上の課題は保磁力の向上のためにテルビウム（Tb）等の希土類を用いることによる高価格化や資源の安定的な供給に対するリスクであるため，希土類を用いなくても高保磁力化できる微粉の微細化や熱間加工技術が開発されている。また，一般にモータはステータに対してロータは一つであるが，ステータの内側と外側にそれぞれ一つずつのロータを用いることで磁石量を増やす形式のモータや軸方向にギャップをもつことで磁石の使用量を増やすことができるアキシャルギャップモータという方式も提案されている。

3.1.3　永久磁石同期モータの損失モデル

　最後に，永久磁石同期モータの損失について解説する。永久磁石同期モータの損失は，古典的に電磁鋼板の磁束変化により発生する渦電流と電磁鋼板のもつ磁化特性により発生するヒステリシス損を合算した鉄損と，コイルを流れる電流と抵抗によって発生する銅損という大きく二つに分けられ，それ以外は漂遊負荷損として整理されてきた。渦電流損 L_e〔W〕は式（3.4）で表され，ヒステリシス損 L_h〔W〕はスタインメッツの実験式より式（3.5）で表される。ここで，k_e は形状や表皮深さ等によって変化する比例定数，t は材料の厚さ〔mm〕，f は周波数

〔Hz〕，B_m は最大磁束密度〔T〕，ρ は抵抗率〔Ωm〕である。

$$L_e = k_e \frac{(tfB_m)^2}{\rho} \tag{3.4}$$

$$L_h = k_h f B_m{}^{1.6} \tag{3.5}$$

また，銅損 L_c〔W〕はオームの法則より式 (3.6) で表される。ここで，R_c〔Ω〕はコイル抵抗を表し，I_c〔Arms〕はコイル電流の実行値である。R_c は交流抵抗として計測されるべきではあるが，モータに組み込んだ状態でのコイルのみでの R_c 計測は不可能であることや，モータは低周波数での使用が多いため，実際には DC 抵抗を用いることが多い。

$$L_c = R_c I_c{}^2 \tag{3.6}$$

しかし，モータに求められる効率が高くなったことや，熱解析の必要性が増したこと，有限要素法による解析技術の向上により，より分析が進むこととなった。漂遊負荷損として扱われていたもののなかで，有限要素法により算出可能になったものは磁石内の渦電流損，ケースやシャフト等の周辺部品への漏れ磁束による渦電流損，コイルのなかを横断する磁束による渦電流損が挙げられる。すべて渦電流損であるため，式 (3.4) によって記述可能である。しかし，ここに挙げたものを考慮してもいまだに計算誤差はあるため，有限要素法を用いて得られた計算結果に対して係数乗算して損失を推定することが実態としては多い。そのため，より精度の高い損失計算を行うために，渦電流損のモデル化として磁性体のドメインサイズによって変化する異常渦電流損を追加することや，従来，損失として小さいため無視してよいとされてきた磁石のヒステリシス損等，渦電流損以外の損失にも注目がされるようになっている。

磁気飽和が起こらない範囲ではトルク（電流，磁束）と回転数（周波数）による近似が可能であるため，モータの損失 L_m〔W〕は基本的に有限要素法にて数十点解いたものに対して式 (3.7) のようにトルクの二次式と回転数の二次式により内挿もしくは外挿すれば十分に高い精度で効率を計算することができる。ここで，T_m〔Nm〕はモータトルク，N_r〔rpm〕はモータ回転数，$k_{m1} \sim k_{m4}$ はそれぞれのモータ固有の係数である。

$$L_m = k_{m1}T_m + k_{m2}T_m{}^2 + k_{m3}T_m N_r + k_{m4}T_m N_r{}^2 \tag{3.6}$$

本モデルは磁気飽和を考慮していないため，磁気飽和をしない領域での外挿，内挿をするとより精度が高くなる。

3.2 誘 導 モ ー タ

3.2.1 誘導モータの原理

誘導モータ（induction motor，IM）は，三相交流電源に接続することで，ほぼ電源周波数で回転する特性をもつことから，ファン・ポンプのような定速駆動用途を中心に産業用モータにおいて古くより中心的役割を果たしてきた。1990 年代に入ると計算機の性能向上を背景に制御技術の発展や可変周波数・可変振幅電源であるインバータによる駆動の普及を受け，瞬時ト

ルク制御が可能なベクトル制御が実用化された。これにより，IM は，従来，直流モータが担ってきた，電車をはじめとした電動車両など瞬時トルク制御・可変速制御が求められる用途にまで適用が拡大し，2000 年代に入り，その技術は一定の完成域に達することとなる。

　その後，永久磁石同期モータの発展に伴い，小型軽量・高効率が求められる移動体（鉄道，xEV）においては PMSM が注目を集め，大きく勢力を伸ばし今日を迎えている。ところが近年，EV 駆動用モータとしてテスラ，アウディ，メルセデスが相次いで IM を採用し，2019 年現在，再び注目を集めつつある。じつは，電動移動体の大先輩である電車においても，PMSM 化が進んでいるのは地下鉄・都市近郊線であり，新幹線をはじめとする高速鉄道は依然 IM が主流である。本節では，PMSM と比較しながら，IM の特徴について述べていく。

　IM は，PMSM，スイッチトリラクタンスモータ（switched reluctance motor，SRM），シンクロナスリラクタンスモータ（synchronous reluctance motor，SynRM）と同様に駆動に交流電源を必要とする交流モータの一種である（図 3.6）。実際，固定子構造としては，原理的に PMSM と同じ三相固定子巻線をもち，三相交流を印加することで電源周波数と同じ周波数の回転磁界を発生させる。他の交流モータとの違いは回転子にある。積層電磁鋼板で構成される回転子に永久磁石を有し，電源周波数に同期して固定子が回転する PMSM に代表される同期機と異なり，IM は積層電磁鋼板にかご型導体を組み合わせたシンプルかつ堅牢な機械的構造（図 3.7）を有し，電源周波数とわずかにずれた周波数で回転する非同期機である。磁石を使用せず低コストで減磁の心配もない堅牢なモータであることから，いまなお，一般産業機器では交流モータとして幅広く利用されている。

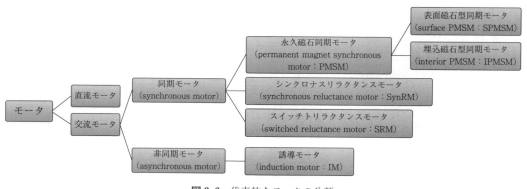

図 3.6　代表的なモータの分類

　一方で，そのトルク発生の原理は，PMSM や SRM のような同期機と比べて複雑である。前述のように三相固定子巻線の発生する回転磁界の周波数（＝ 電源周波数）とわずかにずれた周波数で回転する（「滑る」と称する）回転子のかご型導体には，その周波数の差（滑り周波数）に比例した大きさの電圧が誘起され，かご型導体に電流が流れる。この電流が固定子の生成した回転磁界に作用してトルクを発生する（図 3.8）。滑れば滑るほど，回転子に流れる電流は増

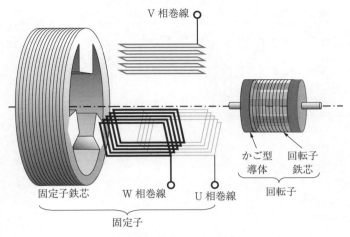

図 3.7 誘導モータの構造

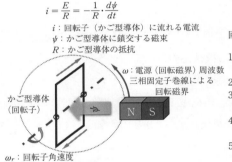

$$i = \frac{E}{R} = -\frac{1}{R} \cdot \frac{d\psi}{dt}$$

i：回転子（かご型導体）に流れる電流
ψ：かご型導体に鎖交する磁束
R：かご型導体の抵抗

ω：電源（回転磁界）周波数
三相固定子巻線による
回転磁界

かご型導体
（回転子）

ω_r：回転子角速度

$\begin{pmatrix} \omega_s = \omega - \omega_r：滑り周波数 \\ 滑り（0 < s < 1）s = \dfrac{\omega - \omega_r}{\omega} \end{pmatrix}$

回転磁界と回転子が非同期（$\omega_r \neq \omega$：滑る）で回転しているとき

1. 固定子巻線に三相交流電源を接続することにより，電源周波数で回転する回転磁界が発生
2. 回転子への鎖交磁束が滑り周波数の正弦波として変化
3. 固定子に交流電圧が誘起
   （大きさ：滑り周波数に比例，周波数：滑り周波数）
4. かご型導体に電流が流れ，回転磁界と作用してトルク発生
   （発生トルクは滑りに比例）
5. 定常的には発生トルクと負荷トルクが釣り合う「滑り」状態で回転子が回転

図 3.8 IM のトルク発生の原理

加し，それに伴い発生トルクが増加する[1]ことから，回転子は発生トルクと負荷トルクとが釣り合う「滑り」で回転を継続するため，電源周波数に非同期（理論上，無負荷時は同期）となるのである。

3.2.2 誘導モータの損失モデル

IM の一相分の等価回路およびパワーフローの一例を**図 3.9**に示す。IM では，固定子側から入力した電気入力は，固定子巻線における抵抗での損失（銅損[2]），励磁による鉄損を模した励

---

[1] 正確には，滑りが一定の値を超すと発生トルクは減少に転じる。
[2] 回路の抵抗成分により発生するエネルギー損失であり，失われたエネルギーはジュール熱となる。

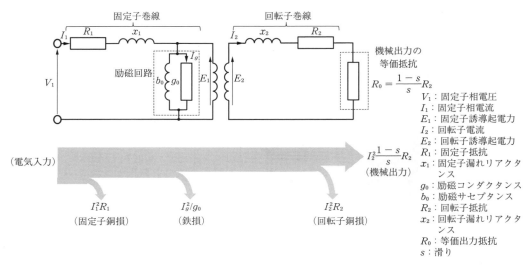

図 3.9 IM の一相分の等価回路とパワーフロー

磁コンダクタンスによる損失（鉄損[†1]），回転子のかご型導体における抵抗（回転子次抵抗）での銅損を差し引かれて，機械出力に変換される。この機械出力は，電気的な等価回路で扱うために，仮想的な抵抗（等価出力抵抗）での損失として表現していることに注意されたい。

　導出の詳細は省略するが，IM の定常発生トルクは，相電圧 V_1，電源周波数の角速度 ω，滑り s，回転子側に対する固定子側の誘導起電力の比（巻数比）a，図 3.9 の等価回路のパラメータを利用して次式のように表すことができる[†2]。

$$\tau = \frac{3}{\omega} V_1^2 \frac{\dfrac{a^2 R_2}{s}}{\left(R_1 + \dfrac{a^2 R_2}{s}\right)^2 + (x_1 + a^2 x_2)^2} \tag{3.7}$$

このように IM は，永久磁石により界磁を行い電源周波数に同期して回転する PMSM と異なり，電源周波数と異なる速度で回転することで回転子に電流を流し，固定子が発生する回転磁界と作用することでトルクを発生させることから，以下に示すような特徴を有する。

- **電流を流すことで回転磁界を発生**

　　PMSM は永久磁石による界磁を利用することができるため，一般的に，IM に比べて界磁による損失がなく，効率的に有利とされているが，電源電圧が十分ではなくなってくる高速駆動時は，この磁石による誘起電圧を抑制するために，トルクを発生させる電流とは

---

†1　モータを構成する磁性材料（おもに鉄芯）において生じるエネルギー損失。おもにヒステリシス損と渦電流損からなり，磁束密度やその周波数に依存して発生する。等価回路上では鉄損と等価な損失を発生する抵抗（等価鉄損抵抗）として表現されている。

†2　次節において PMSM を例に紹介しているように，IM においてもベクトル制御を施すと，直流モータが電流振幅により励磁，瞬時トルクが制御できるように励磁し，瞬時トルクが独立に制御可能となるため，移動体の駆動用モータとしてはベクトル制御の利用が前提となる。

別に弱め界磁のための電流を必要とする場合が多く，結果，高速駆動時の効率低下を招きやすい。一方，IM では電流を流すことで回転磁界を発生していることから，高速駆動時は電流を減らせばよく，効率が改善する傾向にある。

・**回転磁界（電源周波数）と非同期で回転**

同期モータと異なり，回転数が電源周波数とずれる（滑る）ことで同期に向かう方向にトルクが発生することから，多少の回転数と電源周波数のずれでは脱調しない。電気鉄道や産業機器では，この特徴を利用して 1 インバータで複数の IM の駆動を実現している。しかし，「滑る」ことで回転子に発生する電圧により，回転子に電流を流してトルクを発生させる原理上，PMSM には存在しない回転子側での銅損が発生し，効率面では不利となる。

これらの特徴のなかで，磁石を使用せず電流を流して界磁を発生させることによる損失や回転子側での損失の発生は，一般的に高効率モータとして PMSM に比べて IM が劣る理由として挙げられる場合が多い。低速で一定の大きさのトルクを発生させるような駆動条件において疑う余地はないが，弱め界磁が効率低下を招く PMSM と異なり，IM では弱め界磁が容易かつ効率改善に貢献する点を考慮すると，弱め界磁が必要となる高速駆動時の効率は IM が有利になる可能性がある。文献 5）では，同体積で 250 kW クラスの駆動用 PMSM・IM を設計し，効率比較を行っている。これによれば，低速駆動時は PMSM が IM より高効率となるが，高速駆動時はほぼ同様な効率，高速軽負荷時駆動では IM が PMSM を上回る効率となる（**図 3.10**）ことが示されており，さまざまな運転条件が含まれるモード燃費では，制御法次第で優劣が逆転する可能性があるとされている。さらに，コスト面，重量面については IM が有利と報告されており，大出力 EV 用モータとして IM の可能性を示唆している[5]。

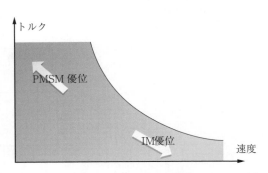

図 3.10　動作点と IM−PM 間の効率差のイメージ図

3.3 モータ制御系

3.3.1　ベクトル制御系[6]

モータはさまざまな用途で使用されている。ファンやポンプのように，おおむね指示された速度で可変速駆動できればよい用途もあれば，駆動用モータや電動パワーステアリングなど，

瞬時トルク制御が求められる場合もある。要求される機能，制御に利用可能なセンサに応じて
さまざまな制御手法が存在し，その制御性能とコストのバランスに配慮して，適材適所で制御
手法が選択されている。

　ここでは，アクセル開度に比例した瞬時トルク制御が求められる駆動用モータの制御を想定
し，瞬時トルクの制御が可能になるという意味において，交流モータ制御の一つの理想形であ
るベクトル制御について，永久磁石同期モータを対象に解説を行う。

　かつてはトルク制御を必要とする用途では直流モータが採用されていた。直流モータは，そ
の発生トルクが直流電流の振幅に比例し，瞬時トルクの制御が容易なためである。これに対し
て，交流モータの発生トルクは，駆動する三相交流の周波数，振幅，位相の複雑な関数として
表現され，瞬時トルク制御は容易ではない一方，電源周波数にほぼ同期して回転することから，
商用交流電源（50 Hz または 60 Hz）による定速モータとして扱われてきた。

　現在では，瞬時トルク制御が求められる用途においても交流モータの採用が一般的となって
いる。電力変換器，計算機技術の発展を背景に交流モータで瞬時トルクを制御する技術，ベク
トル制御が一般化したためである。ベクトル制御では，二つの相電流，回転子の回転角を
100 μs 前後でサンプリングし，マイクロコンピュータ内部で後述するような演算を行って三相
交流電圧指令値を生成し，任意の周波数・振幅・位相の三相交流電圧が発生可能な可変周波数・
可変振幅電圧源（インバータ）を利用して電圧を印加することで瞬時トルク制御を可能にする。
その構成を図 3.11 に示す。

　ベクトル制御の要点は，三相交流モータを三相対象交流で駆動することに着目して二相モー
タとして捉え，さらに磁極に同期して回転する dq 軸（d 軸が U 相となす角度を回転子位置と
定義する）という仮想的な直交座標系上の仮想的な二相モータとして捉えることにある。この

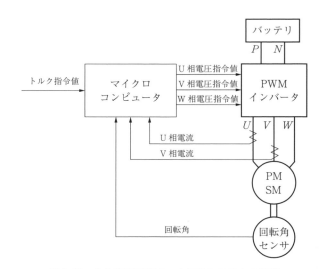

図 3.11　永久磁石同期モータ駆動システムの構成

座標関係を**図3.12**に示す。このdq軸で表現された仮想的な二相モータは，d軸直流電流より界磁を調整し，q軸直流電流に比例して瞬時トルクを発生するという直流モータに準じた扱いが可能になる。すなわち，d軸，q軸の直流電流制御により瞬時トルクが制御可能になる。実際のベクトル制御を実現するための制御系の構成を**図3.13**に示す。

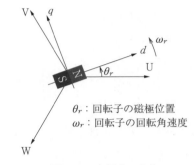

θ_r：回転子の磁極位置
ω_r：回転子の回転角速度

図 3.12　座標系の定義

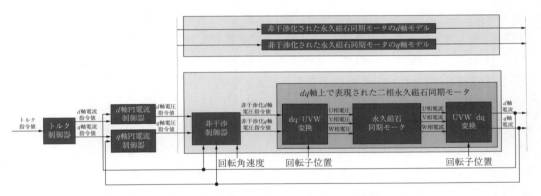

図 3.13　永久磁石同期モータのベクトル制御系

　ベクトル制御系を構成するに際して，実際に観測可能な電流はU相，V相，W相の三相交流であることから，観測されたUVW相電流$[i_u \; i_v \; i_w]^{\dagger}$を$dq$軸上の電流$[i_d \; i_q]^T$に変換するUVW/$dq$変換，逆に$dq$軸で生成された電圧指令値$[v_d^* \; v_q^*]^T$を三相インバータのUVW相電圧指令値$[v_u^* \; v_v^* \; v_w^*]^T$に変換するための dq/UVW 変換が必要となる。その変換式は，回転子位置θ_rを用いて以下のようになる。

$$\begin{bmatrix} i_d \\ i_q \end{bmatrix} = \begin{bmatrix} \cos\theta_r & \sin\theta_r \\ -\sin\theta_r & \cos\theta_r \end{bmatrix} \sqrt{\frac{2}{3}} \begin{bmatrix} 1 & -\frac{1}{2} & -\frac{1}{2} \\ 0 & \frac{\sqrt{3}}{2} & -\frac{\sqrt{3}}{2} \end{bmatrix} \begin{bmatrix} i_u \\ i_v \\ -i_u - i_v \end{bmatrix} \tag{3.8}$$

$\dagger$　通常，実際に測定するのは二相分の相電流であり，残りの一相は，三相対象であること（$i_u + i_v + i_w = 0$）を利用し，他の二相の相電流から求めている。

$$\begin{bmatrix} v_u^* \\ v_v^* \\ v_w^* \end{bmatrix} = \sqrt{\frac{3}{2}} \begin{bmatrix} 1 & 0 \\ -\dfrac{1}{2} & \dfrac{\sqrt{3}}{2} \\ -\dfrac{1}{2} & -\dfrac{\sqrt{3}}{2} \end{bmatrix} \begin{bmatrix} \cos\theta_r & -\sin\theta_r \\ \sin\theta_r & \cos\theta_r \end{bmatrix} \begin{bmatrix} v_d^* \\ v_q^* \end{bmatrix} \tag{3.9}$$

また，制御対象である三相永久磁石同期モータは，その入出力の UVW／dq 変換，dq／UVW 変換と合わせることにより，dq 軸上で表現された二相永久磁石同期モータとして扱うことが可能となる。IPMSM の場合を例に，その数式モデルを以下に示す。

$$\frac{d}{dt}\begin{bmatrix} i_d \\ i_q \end{bmatrix} = \begin{bmatrix} -\dfrac{R}{L_d} & \omega_r\dfrac{L_q}{L_d} \\ -\omega_r\dfrac{L_d}{L_q} & -\dfrac{R}{L_q} \end{bmatrix} \begin{bmatrix} i_d \\ i_q \end{bmatrix} + \begin{bmatrix} \dfrac{1}{L_d} & 0 \\ 0 & \dfrac{1}{L_q} \end{bmatrix} \begin{bmatrix} v_d \\ v_q \end{bmatrix} + \begin{bmatrix} 0 \\ -\dfrac{1}{L_q}\omega_r\psi \end{bmatrix} \tag{3.10}$$

ここで，$[v_d \ v_q]^T$，$[i_d \ i_q]^T$，L_d，L_q，ψ はそれぞれ dq 座標系における各軸の電圧，電流，自己インダクタンス，dq 座標系における永久磁石に起因する磁束鎖交数である。また，SPMSM の場合は $L_d = L_q$，SynRM の場合は，$\psi = 0$ として考えればよい。

このモータの数式モデルからわかるように，d 軸電圧を操作した際，d 軸電流のみならず q 軸電流も変化する。制御系設計的には，d 軸電圧で d 軸電流を，q 軸電圧で q 軸電流を，独立に制御が行えることが望ましいので，dq 軸間の非干渉制御器を設けており，次式に示す。

$$\begin{bmatrix} v_d^* \\ v_q^* \end{bmatrix} = \begin{bmatrix} v_d^{**} \\ v_q^{**} \end{bmatrix} + \begin{bmatrix} 0 & -\omega_r L_q \\ \omega_r L_d & 0 \end{bmatrix} \begin{bmatrix} i_d \\ i_q \end{bmatrix} + \begin{bmatrix} 0 \\ \omega_r\psi \end{bmatrix} \tag{3.11}$$

$[v_d^* \ v_q^*]^T$，$[v_d^{**} \ v_q^{**}]^T$ は，それぞれ，非干渉制御器によって dq 軸間で非干渉化されて各軸の電圧指令値となる非干渉制御器の出力，PI 電流制御器の出力で非干渉制御器の入力となる各軸の電圧指令値を示す。ここで，非干渉制御器において制御対象であるモータパラメータ，ψ，L_d，L_q が必要となることに注意されたい。例えば，L_d，L_q が不正確の場合，非干渉制御は不完全となり，一方の軸電流を変化させたときに，他方の軸の電流が乱れるなど形での過渡応答の劣化等を招く。移動体で利用されるモータの多くは高出力密度化を目指した設計がなされるため，動作点に依存して磁気飽和，ひいては L_d，L_q が i_d，i_q 等の関数として変動する場合が一般的である。このため，非干渉制御器で利用する L_d，L_q は i_d，i_q の関数として用意することが望ましい。

非干渉制御を施すことで，式（3.10）で示した dq 軸上で表現された二相永久磁石同期モータは，次式に示すような d 軸側と q 軸側，二つの独立した一次遅れ系の制御対象として扱うことができる。

$$\frac{d}{dt}i_d = -\frac{R}{L_d}i_d + \frac{1}{L_d}v_d^{**} \tag{3.12}$$

$$\frac{d}{dt}i_q = -\frac{R}{L_q}i_q + \frac{1}{L_q}v_q^{**} \tag{3.13}$$

そこで，それぞれの軸の制御対象に対して，軸ごとに電流フィードバックを行い PI 制御器に

より電流制御系を構築して各軸の電流制御を実現，ひいてはトルク制御を実現する。

ここで，最後に問題となるのは，モータのトルク指令値 τ^* が与えられた際の各軸の電流指令値 $[i_d^* \; i_q^*]^T$ の生成である[†1]。ベクトル制御時の発生トルク τ は d 軸電流 i_d と q 軸電流 i_q を用いて，次式のように与えられる。

$$\tau = P_n\{\psi + (L_d - L_q)i_d\}i_q \tag{3.14}$$

ここで，P_n はモータの極対数である。このトルク発生式からも明らかなように，あるトルクを実現する d 軸 q 軸電流の組は電流平面の定トルク曲線上に無数に存在する（**図 3.14**）。このため，トルク制御器では，あるトルク指令値が与えられたとき，何らかの制約条件を与えて d 軸電流指令値と q 軸電流指令値を一意に決める必要がある。以下では，効率改善，駆動範囲拡大を目的とした2種類の制御法を紹介する。

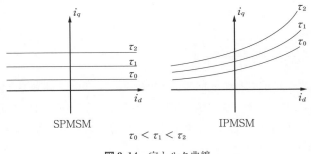

$$\tau_0 < \tau_1 < \tau_2$$

図 3.14 定トルク曲線

3.3.2 効率改善を目的としたトルク制御器—MTPA 制御—

あるトルク指令値に対して，効率改善を目的として d 軸電流指令値と q 軸電流指令値を一意に決定する一実施例に MTPA（maximum torque per ampere）制御がある。モータにおいては，電流振幅 $I = \sqrt{i_d^2 + i_q^2}$ の二乗に比例して抵抗で発生する損失（銅損）は，モータ全体の損失で比較的大きな割合を示すことから，その最小化はモータの高効率化につながる[†2]。MTPA 制御では，あるトルクを発生する d 軸電流，q 軸電流の組合せ（定トルク曲線上の点）から，電流振幅最小という制約のもとでの d 軸電流，q 軸電流指令値の組合せ（定トルク曲線と原点を中心とする円の接点）を決定する（**図 3.15**）。すなわち，トルク発生式を電流振幅 $I = \sqrt{i_d^2 + i_q^2}$ のもとで，i_q で偏微分することで，電流振幅最小の d 軸電流と q 軸電流の関係と

[†1] トルク制御を行うのであれば，本来，トルクセンサを設け，トルクフィードバックを行うのが正道である。ただし，現在，産業的に普及しているトルクセンサでは精度や応答のよいトルク検出は容易ではない一方，比較的安価な電流センサが普及していることから，電流フィードバックで代用したセミクローズトルク制御系の構成が一般化している。

[†2] モータの損失には銅損のほかにも鉄損があり，負荷・速度の上昇に従い増加し，無視できなくなっていく。ゆえに，銅損しか考慮しない MTPA 曲線上の電流指令値は速度や負荷の増加に従い最大効率から，乖離していく。

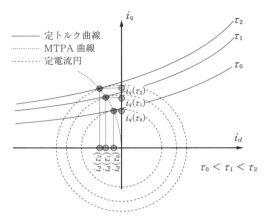

図 3.15　定トルク曲線と MTPA 曲線

して次式を得る。

$$i_d = \frac{-\psi + \sqrt{\psi^2 + 4(L_d - L_q)^2 i_q^2}}{2(L_d - L_q)} \tag{3.15}$$

　上式が dq 軸電流平面に描く曲線を MTPA 曲線と呼ぶ。トルク制御器を構成する際には，事前に上式が電流平面に描く曲線（MTPA 曲線）と各トルク指令値に対する定トルク曲線との交点を求めてテーブルに収納しておき，トルク指令値が与えられたとき，テーブルから d 軸 q 軸電流指令値を読み出して使用する。

　なお，SPMSM の場合，$L_d = L_q$ であることから，式（3.14）のトルク発生式は

$$\tau = P_n\{\psi\}i_q \tag{3.16}$$

と簡素化され，発生トルクは i_d に依存せず，i_q により一意に決定する。よって，銅損最小化（電流振幅最小化）のために d 軸電流指令値は常時ゼロとし，q 軸電流指令値のみをトルク指令値に応じて設定すればよい。

3.3.3　駆動範囲の拡大を目的としたトルク制御器—弱め磁束制御—

　効率改善を目指して d 軸電流指令値と q 軸電流指令値を一意に決定する MTPA 制御に対して，PMSM 駆動システムの駆動可能な速度範囲を広げることを目的として，d 軸電流指令値と q 軸電流指令値を一意に決定する手法が弱め磁束（flux weakening, FW）制御である。一般的な PMSM 駆動システムにおいて，駆動可能な範囲を図示したもの（速度–トルク特性）を**図 3.16** に示す。最大トルクが一定の値となる低速側領域を定トルク領域と呼ぶ。定トルク領域における最大トルクは，PMSM やインバータ等の機器の制約により定められる電流上限値により決定される。

　ここで，電源が印加する端子電圧と速度に比例してモータ内部で発生する速度起電力と電位差に応じてモータに流れ込む電流が決まることに注意すると，ある速度以上では，上述の電流

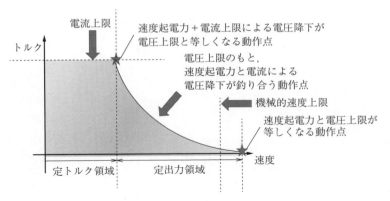

図 3.16 PMSM の速度−トルク特性

上限値まで電流を流すことができなくなる。その速度以上では，モータに流し込むことができる最大電流が徐々に減少し，これに伴い，発生トルクの上限も減少していくことになる。電気的には速度起電力と電圧上限が一致し，電流，ひいては発生トルクがゼロとなる速度が速度上限となるが，この以前に機械的な速度上限に達する場合もある。この領域を定出力領域と呼ぶ。

このように PMSM の速度−トルク特性は，PMSM の状態方程式（3.10）による電圧・電流・速度の関係とそれぞれの上限値から決定される。定常状態かつ一定速度以上（$R \ll \omega_r L_d$, $\omega_r L_q$）に限定すると，電圧・電流・速度には，PMSM の状態方程式である式（3.10）から次式のような関係を導くことができる。

$$\begin{bmatrix} v_d \\ v_q \end{bmatrix} = \begin{bmatrix} -\omega_r L_q i_q \\ \omega_r L_d i_d \end{bmatrix} + \begin{bmatrix} 0 \\ \omega_r \psi \end{bmatrix} = \begin{bmatrix} -\omega_r L_q i_q \\ \omega(L_d i_d + \psi) \end{bmatrix} \tag{3.17}$$

そして，電圧上限値（v_{max}）に対して，電流と速度は以下のような制約関係を満たす必要がある。

$$v_d^2 + v_q^2 = (\omega_r L_q i_q)^2 + \{\omega_r(L_d i_d + \psi)\}^2 \leqq v_{max}^2 \tag{3.18}$$

また，電流上限値（I_{max}）に対して，d 軸電流と q 軸電流は以下の制約も満たす必要がある。

$$I_d^2 + I_q^2 \leqq I_{max}^2 \tag{3.19}$$

これらの電圧・電流に関する制約条件を維持し続けながら，速度を上昇させるためには，速度ごとの電圧制限円内に収まるように電流振幅を減少させる必要がある。このとき，単純に電流振幅を減少させる（**図 3.17** の A ⇒ C）ほかに，電流振幅を維持しながら負の d 軸電流を増していく方法もある（図 3.17 の A ⇒ B）。式（3.17）からわかるように負の d 軸電流を流すことで磁石磁束 ψ を弱める（弱め磁束）ような形で q 軸に発生する電圧を減じることができる。これを利用すると，速度上昇時に電流振幅を維持しながら電圧制限を満たすことができ，単に電流振幅を小さくする場合に比べて速度に対するトルク低減を緩和し，速度上限も高めることになり，結果的に駆動範囲の拡大が可能となる。このように，速度上昇に伴う電圧制限円の縮小に対して，電流制限円に沿って dq 軸電流指令値を変更していく方法を弱め磁束制御と呼ぶ。

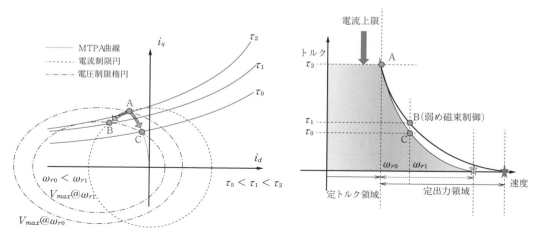

図 3.17 弱め磁束制御

3.3.4 トルク制御器

　これまでに述べてきたように，永久磁石同期モータを駆動用モータとして使用するために
は，瞬時トルク制御を実現するベクトル制御系を使用する。その入力である d 軸 q 軸電流指令
値をトルク指令値から生成するトルク制御器として，基本的には，定トルク領域では高効率化
のために MTPA 制御を，速度が上昇し，定出力領域に移行したのちに角速度ごとの最大トル
クを維持し続けるためには，弱め磁束制御を利用して，d 軸 q 軸電流指令値を生成する。一方，
あるトルク指令値に対して電圧に余裕のある速度（定トルク曲線と電圧制限楕円が交点を二つ
もつ場合）では，d 軸 q 軸電流指令値の組合せ（電圧制限楕円内部の定トルク曲線上かつ電流
制限円内部の点）の選択には任意性が残る。この場合は，モータ自体の効率など他の指標に基
づき d 軸 q 軸電流指令値の組合せを選択することになる。

引用・参考文献

1） 金子裕治，徳原宏樹，石垣尚幸：超高エネルギー積磁石の開発，粉体および粉末冶金，**41**，6，pp.
695-700（1994）
2） 広沢 哲，佐川眞人：Nd-Fe-B 磁石の発展，応用物理，**61**，3，pp.234-240（1992）
3） 芳賀美次：ボンド磁石の磁粉の分散と磁石のエネルギー分野への応用，日本接着学会誌，**49**，6，
pp.224-228（2013）
4） 木村康夫：新材料と先駆者たち，鋳鉄工学，**69**，11，pp.947-950（1997）
5） 竹内啓祐，千葉 明：有限要素法を用いた高出力 EV 用誘導電動機・埋込磁石同期電動機の効率
マップ比較，電気学会産業応用部門回転機研究会，RM18-108（2018）
6） 電気学会センサレスベクトル制御の整理に関する調査専門委員会 編：AC ドライブシステムのセ
ンサレスベクトル制御，オーム社（2016）

4 電動車両がもたらすインパクト

　自然条件の影響を強く受ける再生可能エネルギーが大量導入される将来において，発電量の変動を吸収し，需給バランスを適切にとるために蓄電池が果たすべき役割は大きい。このとき，電池の容量・台数・配置の設定，および充放電スケジュールの決定は重要な設計ポイントの一つになる。一方，電気自動車やプラグインハイブリッド車の普及に伴い，これらに内蔵される車載蓄電池を単に車の走行に用いるのではなく，需要家内，あるいは系統の安定化システムに組み込むことで，より効率的なエネルギーマネジメントが実現される。また，災害発生時等における車載蓄電池の有効活用は，レジリエントなコミュニティ実現のためのキーテクノロジーともなり得る。本章では，車載蓄電池をエネルギーマネジメントに使う際のインパクトや可能性について概観する。

4.1　エネルギー貯蔵デバイスとしての電動車両

　自動車はいま，大きな変革のときを迎えている。一つは，情報通信技術と融合した知能化であり，もう一つは，低炭素社会の実現につながる電動化である。特に，電動化に関しては，車載の蓄電池が BEV（battery electric vehicle）で数十 kWh，PHV（plug-in hybrid vehicle）で数 kWh の蓄電容量をもち，かつわが国の電力自由化政策との相乗効果も期待できることから，「移動蓄電池」としての新たな付加価値を車に付与する可能性が大いにある。また，充電ステーションの整備も急ピッチで進んでいる。政府は 2020 年の目標設置台数をノーマル充電（AC）200 万台，急速充電（DC）6 000 台と定めたが，それを上回るペースで設置が進んでいる。これらはさらなる車両の電動化を加速させるであろう。

　一方，2010 年から 2014 年にかけて，わが国でも 4 地域で Energy Management System（EMS）に関する実証実験が行われた。これらでは，電動車両の EMS への活用についてもさまざまな実証が行われた。豊田市ではトヨタ自動車株式会社（以下，トヨタ自動車）を中心としたグループが 70 世帯弱の世帯を対象に太陽光やヒートポンプ，据置蓄電池，PHV 等を活用した Home Energy Management System（HEMS）の検証に取り組み，各種データの同時計測を 5 年間にわたって行い，さまざまな可能性を検証した。また，BEV を用いたカーシェアリングに関する実証実験も盛んに行われている。トヨタ自動車（豊田市，東京都），日産自動車株式会社（横浜市），株式会社デンソー（安城市）など，自治体と協力する形で進められているが，これらの特徴は，おおむね小型の BEV を共有車両として活用している点であり，走行距離が限られている BEV の今後の有力な活用形態の一つになると期待できる。

現在，日本では蓄電池から直接系統に電力を戻すことは許されていないが，戸建て住宅やビル，マンション，さらには学校や工場などで車載蓄電池を有効に使うことで，電力需給をローカルに最適化できる。各拠点でのローカルな EMS を考える場合，車本来の目的である移動手段としての活用を尊重しつつ，EMS への適用を考えることが重要となる。そのためには車の使用を的確に予測できること，またそれを考慮したある種の最適化を実時間で達成することが不可欠となる。

一方，車載蓄電池を各地域で適切に集約（aggregate）することで，間接的にではあるが，系統の安定化にも貢献できる。今後のエネルギー供給元として，太陽光や風力といった再生可能エネルギーの大規模な導入が予想されているが，これらの発電量は当然のことながら自然条件に左右され，安定的な電力供給を達成するためには，バッファ役となる大規模な蓄電池が不可欠である。しかしながら，大規模な蓄電池の製造・設置にはコストがかかることから，その代役として車載蓄電池を集約化して用いることが検討されている。系統の安定化を達成するサービスはアンシラリーサービスとも呼ばれ，さまざまな形態が存在するが，多数の車載蓄電池を集約してアンシラリーサービスに貢献する場合，そのマネジメントを行うアグリゲータの存在が不可欠となる。このとき，安定化への貢献に対する各アグリゲータに与える要求やインセンティブなどの設計は多目的かつ大規模な最適化問題となり，社会システムや電力系統の研究者が最も注目している課題設定の一つである。いずれにしても，車載蓄電池を EMS に活用することで EMS の柔軟性が向上することに疑いの余地はない。特に，自然条件等により需給バランスが著しく崩れた場合や災害発生時等における車載蓄電池の有効活用は，レジリエントなコミュニティ実現のためのキーテクノロジーとなり得る。

以上を勘案したとき，次世代のスマートコミュニティにおいて車載蓄電池は以下の三つの役割を果たすことになる。

① 必要な移動を実現するためのエネルギー蓄積デバイス
② 各需要家のローカルな EMS におけるエネルギーコスト改善やレジリエンス向上のための電力蓄積デバイス
③ 電力系統安定化のための大規模分散蓄電池群における要素デバイス

したがって，車載蓄電池の充放電においては，各ユーザの移動手段としての車の利用要求を勘案しながら，各需要家の EMS におけるエネルギーコスト改善やレジリエンス向上手段としての充放電要求，および電力系統安定化手段としての充放電要求を調和させた充放電スケジューリングが必要となる。結果として，従来のシステム論では対処しきれない異質のシステム論的課題が創出される。

▌4.2　電動車両を活用した EMS の技術課題と II 編の構成 ────

2016 年度に始まった電力小売り自由化に伴い，今後 EMS がもつ自由度は大幅に増大すると

予想される。供給側と需要家側の協調メカニズムを適切に設計することがいままで以上に重要となり，大規模分散的に点在し，かつ構造可変型のエネルギー蓄積機構とみなせる車載蓄電池群の有効活用が次世代のレジリエントな EMS 実現のためのキーテクノロジーとなり得る。

これまでに行われた EMS の実証実験では，まだコンセプト提案やフィーザビリティスタディにとどまるものが多い。また，おもに供給側の視点が重視されており，需要家側の視点をも考慮した複眼的な視点から検討された例はほとんどない。複眼的な視点からの検討は車載蓄電池を活用した EMS において特に重要となる。車両は本来，移動手段としての役割を果たすべき装置であり，ユーザの（移動手段としての）利用要求を満たす適切な充放電計画が求められる。すなわち，各ユーザの移動に必要なエネルギーを確保するという制約下で EMS の各レイヤーにおける需要と供給のバランスを調整する役割を果たす必要がある。

電動車両を活用したスマートグリッドの設計問題は階層的でかつ分散的な設計論となる。本書の II 編では，前節で述べた車載蓄電池が果たす三つの役割のうちの ② と ③ に焦点を当て，以下のような具体的な課題に対する取組みについて論じる。

● Vehicle to Home, Vehicle to Building（5章）

HEMS に関しては，これまでにも学術界のみならず，電気機器メーカや住宅メーカが参入する形で国内外を問わずさまざまな取組みがなされている。しかしながら，そのほとんどはスマートメータに代表される情報提示型の HEMS であり，積極的に据置／車載蓄電池やヒートポンプの制御に介入する自律制御型の HEMS はいまだ開発途上である。5章では，こういった自律制御型の Vehicle to Home や Vehicle to Building に関する基本的な考え方とその利点について述べる。

● Vehicle to Grid とアンシラリーサービス（6章）

Vehicle to Grid については，わが国ではまだ車載蓄電池の電力を系統に直接的に戻すことは認められていないが，2018 年末頃からその解禁に向けた実証実験が始まっている。また，海外ではすでに大規模な Vehicle to Grid の実証実験が行われており，6章では，こういった Vehicle to Grid に関する考え方と，それを活用したアンシラリーサービスのシステム構成例について述べる。

● EV シェアリングとスマートグリッド（7章）

先にも述べたが，電動車両の普及形態として，所有ではなく，シェアリング用車両としての普及が先行することが予想される。シェアリングでは，ある程度走行距離が限定されるため，航続距離の心配をしなくて済むためである。この場合，シェアリングを運用するオペレータが走行していない車載蓄電池を積極的に活用して，太陽光パネルの設置と連携させることで運用に必要なエネルギーコストを大幅に削減できる可能性がある。また，上述のアンシラリーサービスとセットで考えることで，配電系統の電圧変動抑制に貢献しつつ，インセンティブを得ることも考えられる。7章では，こういったエネルギーアウェアなシェアリングの運用計画についてその考え方と適用例を述べる。

● 車の使用履歴とマルコフモデルを用いた車の使用予測（8 章）

　車載蓄電池を EMS に活用する場合，車両が拠点に接続しているかどうかを予測することは重要な課題であり，EMS への活用におけるキーテクノロジーともいえる。いい換えれば，これは車両の使用形態の予測問題であり，使用履歴に関する過去のデータに基づいて何らかの予測モデルを構築し，そのモデル上で車両の使用形態を推定するプロセスとなる。本書では，時間付きマルコフモデルを用いたモデル構築と動的計画法に基づいた使用予測アルゴリズムについて紹介する。

　上記の課題群からなる，電動車両を活用した EMS の全体像を**図 4.1** に示す。

図 4.1　電動車両を活用した EMS の概念図

4.3　今後の展望

　交通マネジメントとエネルギーマネジメントはそれぞれ，目的，要件，構成要素，要素間の結合関係のいずれをとっても異なる異種社会システムであるが，ともにスマートコミュニティ実現のための重要な社会システムである。両者はそれぞれにおいていまだ多くの課題を有しているが，同時に両者の連携も重要な課題であり，それぞれのシステムとしての要件を尊重しながら，win-win な関係を築く「メタ社会システム」について，その要件定義に取り組まないといけない。この「**メタ社会ステム**」を設計するうえでキープレーヤーとなるのは両社会システムにおける共通の構成要素となる電動車両であり，その有効活用が次世代のスマートコミュニティデザインの成否のカギを握っている。この意味において，本書の内容は両社会システムの連携を模索するうえで重要な基礎的知見を含んでおり，次世代のスマートコミュニティデザインの参考になることを願ってやまない。

5 Vehicle to Home, Vehicle to Building

プラグインハイブリッド車や電気自動車には大容量の蓄電池が搭載されており，走行距離の延伸のために容量の増大が進められている。しかし，多くの車にとって，1日のうちで走行に使われる時間は平均1時間強でしかなく，それ以外の時間は駐車されていると聞くと，本章までで車載蓄電池の技術を学んだ読者は『もったいない』と思われるのではないであろうか。本章では，駐車中であってもその蓄電池を有効活用し，車にさらに価値を与える方法について解説する。特に，有効活用する対象として家を考える。車をさまざまな対象につなげることをV2X（vehicle to X）と呼び，対象が家（home）の場合はV2Hと呼ばれる。また，家の電力を管理するシステム（home energy management system）としてHEMSとも呼ばれる。本章では，V2HによるHEMSの実現方法について，その基本的概念であるモデル予測制御の解説（5.1節）から始め，そのV2HとHEMSへの適用（5.2節），さらに集合住宅に適用したV2B（building）について解説する（5.3節）。そして，5.4節では，モデル予測制御に必要な種々の予測のうち，家屋内の電力消費の予測について一例を紹介する。

5.1　モデル予測制御

モデル予測制御（model predictive control, MPC）とは，各時刻で有限時間未来までの最適制御問題を解いて時不変な状態フィードバック制御則を決定していく手法であり，近年の計算機，マイクロプロセッサの飛躍的な進歩を背景に，実システムへ適用する試みが盛んに行われている。

図5.1に示すように，現在時刻の実状態を初期値として制御対象の応答を最適化する最適制御入力を評価区間分算出し，現在時刻分の制御入力を制御対象に加えて制御を行う。制御周期ごとに，現在時刻，評価区間をずらして上記手順を繰り返し，制御を継続していく。現在時刻の実状態を初期値として最適制御入力を求めることからフィードバック構造を有しており，ロバスト性に寄与している。なお，評価区間が時刻とともに後ずさっていくことから，receding horizon制御と呼ばれることもある。

一定な目標値に制御量を一致させる問題では，つねに現時点の目標値と制御量の偏差に基づいて制御入力を決定すればよいが，例えば移動ロボットを与えられた軌道に追従させるための操舵制御や，交通情報や道路勾配などの道路情報に基づく自動車の速度制御のように，既知もしくは予測可能な時々刻々と変わる情報を考慮した制御が必要な場合は，現在の情報から算出した制御入力が，将来を見通したときに望ましい制御入力になっている保証はない。これに対

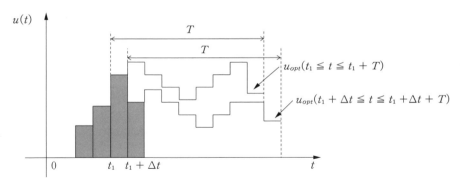

図5.1 モデル予測制御¹⁾

しモデル予測制御は，評価区間分の予測情報を考慮して現在の制御入力を決定することが可能である。ゆえに，将来情報が予測可能，既知であるなどあらかじめ将来の見通しが立つシステム，環境下で有用な制御手法であるといえる。

　モデル予測制御の利点としては，制御系設計手順や制御構造が直感的に理解しやすい点である。コストの最小化，効率の最大化など制御のねらいを評価関数として，制御対象のダイナミクスやアクチュエータの入出力仕様から生じる上下限値制約などは制約条件として表現し，最適化問題の枠組みで定式化する。制約条件を陽に扱うことができるため，試行錯誤的にゲイン，重みを調整することで制約条件を達成するといった間接的なアプローチは不要である。実行時は，制御周期ごとに定式化した最適化問題を解いて制御入力を求めていくという非常にシンプルな手法である。さらに，順序，割当てを決定する組合せ最適化問題（combinatorial optimization）や連続変数と離散変数が混在した混合整数計画問題（mixed integer linear programming，MILP）など，幅広い制御問題を同じ枠組みで扱える点も魅力的である。

　一方，モデル予測制御の欠点としては，制御対象の数学モデルに基づいた制御手法であるため，実システムへ適用した際の成否はモデルの精度に大きく左右されること，制御周期内に最適化問題の求解が不可能な場合は制御が成立しないことといった点が挙げられる。特に1ミリ秒程度の制御周期が要求されるロボットや車両のような機械システムを対象にする場合や，演算リソースに制約が多い組込みマイコンへ制御器を実装しなければならない環境下では，計算時間の問題は顕著になり実装技術が大きな課題となる。実装課題に対しては，連続変形法（continuation method）と GMRES 法（generalized minimum residual method）を組み合わせた C/GMRES 法などオンライン最適化を実現するための高速計算アルゴリズムやシステムの全動作領域に対する最適化計算をオフラインで行いテーブル化する Explicit MPC などが提案されている。

　なお，モデル予測制御の成立には，制御周期ごとに最適化問題を解いた結果，最適解が存在することが前提となる。しかし，問題によってはつねに最適解が存在するとは限らない。そのため，最適解が存在しない場合は，前回値を使用する，制御対象の動作を停止するなどの安全

側入力を印加するなどのバックアップの仕組みが必須であることに注意されたい。

本章で考えるエネルギーマネジメントシステム（energy management system, EMS）のねらいは，個別住宅や集合住宅において，蓄電池を利用し電力需要を制御することで太陽光発電電力や夜間電力などの低コストな系統電力を最大限活用し，住宅における1日の電気料金を最小化することである。電力制御の基本は「同時同量制御」であり，需要に応じた電力を供給し需給バランスをつねに維持する必要がある。しかし，太陽光発電電力は時刻や気象条件に左右され，電力需要は居住者の生活スタイルに依存するため両者は同期しない。そのため何らかの制御を加えない限り，供給する電力に余剰，不足が発生してしまう。余剰が発生した場合に売電，不足した場合に買電すれば需給バランスが維持されるが，電気料金の最小化という観点からすると，もう少し考慮の余地がある。一般的に系統電力には1日を複数の時間帯に分けて料金が設定されており，余剰が発生した場合でも系統電力が安価な時間帯であれば買電して太陽光発電電力を蓄電池に蓄電し，系統電力が高価な時間帯に蓄電した電力を使用するといった使い方なども考えられるからである。時間帯別料金は既知情報であること，太陽光発電電力も気象データ配信会社などから得られる各時間帯の日射量予測から発電量が予測可能であることを考慮すると，現時刻の需給バランスや電力価格だけではなく，将来を見通した判断が必要になると考えらえる。また，電力価格の設定や電力上限管理の最小時間幅が30分単位であるため蓄電池の充放電制御に要求される制御周期は30分ごとで十分であり，ミリ秒単位の制御周期が要求される機械システムに比べ非常に遅く，最適化計算時間を十分に確保できることもEMS設計問題の特徴の一つである。さらに，制御器を組込みマイコンへ実装することも一つの解であるが，インターネット回線を通じてクラウド上に実装することも可能である。物理アーキテクチャ上の機能配置の工夫次第で実装方法の選択肢は飛躍的に広がることから，実装環境がEMS実現に対して大きな障壁になることはない。

上述したEMS設計問題の特徴を鑑みると，EMSによる電気料金最小化問題は，本節で紹介したモデル予測制御の枠組みで考えるのが適切である。次節以降，5.2節では個別住宅，5.3節では集合住宅のEMS設計問題を題材とし，モデル予測制御への定式化および制御結果について述べる。また，これらの定式化において必要となる予測手法について，家屋内での電力消費の予測を5.4節に，車の使用の予測を8章に紹介する。

5.2 Vehicle to Home

5.2.1 システム概要

本節では，個別住宅を対象としたEMS設計問題を考える。近年，個別住宅向けに5〜10 kWh程度の定置型蓄電池が販売されているが，コストが高い，大型であるため設置場所に困るなど課題が多く，本格的な普及には至っていない。

一方，昨今の地球環境保護や化石燃料依存脱却に対する意識が高まるなかで持続可能なモビ

リティ社会を実現していくために，プラグインハイブリッド車（plug-in hybrid vehicle, PHV）
や電気自動車（electric vehicle, EV）が市場に投入されはじめ，燃費，環境面などの車両とし
ての性能だけでなく，搭載された大容量車載蓄電池の利活用に注目が集まっている。自動車の
運転時間は週平均で中央値1時間，平均値で1.4時間であり[2]，大半は駐車しているのが現状
である。主目的の「移動手段」として使用される時間はわずかであり，主目的以外の「駐車」
が車両のライフサイクルの大半を占めていることになる。それゆえ，駐車時の有効活用は，車
両の付加価値向上の一翼を担うことが期待される。従来の内燃機関車両では，われわれが日常
生活で使用する電気，ガスなどとは別のガソリン，軽油をエネルギー源としていたが，電動車
両の普及に伴い，エネルギー源は化石燃料から電気へと変わり，日常生活で使用するエネル
ギーとの親和性が高くなった。そのため，電動車両に搭載された蓄電池を移動可能な電源とみ
なすと，走行用に限らず，災害時のバックアップ電源，太陽光，風力などの自然エネルギー導
入に伴う需給不均衡の調整を担うエネルギーストレージとしてのポテンシャルをもっており，
車両外部のシステムから車載蓄電池の充放電を可能とする要素技術として Vehicle to X（V2X）
技術の開発が行われている。ここで X は，系統電力（grid）であれば G，家（home）であれば
H，ビル（building）であれば B，工場（factory）であれば F など電力を授受する相手によって
命名されている。

　本節では図5.2に示すような系統電力，太陽光発電電力を電力供給源とし，V2H 技術を搭載
した電動車両が充電器を介して住宅に接続され，家庭用 EMS（home energy management
system, HEMS）の充放電指令に従って車載蓄電池への充電，および住宅への放電が可能な住
宅を考える。上記住宅に対し，太陽光発電電力，住宅内の電力需要と車両の使用予測に基づい
て1日の電気料金を最小化する車載蓄電池の充放電計画立案手法を紹介する[1]。

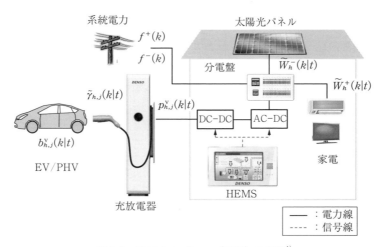

図5.2 Vehicle to Home（V2H）の構成[1]

5.2.2 最適化問題への定式化

本項では，5.2.1 項で述べた HEMS 設計問題を最適化問題として定式化する。定式化にあたり，制御周期は電力価格が設定される時間単位に合わせて 30 分とし，評価区間を 24 時間（1 日）とする。

決定変数は，住宅 h の所有する車両 $j \in \{1, \cdots, N\}$ に搭載された蓄電池の充放電電力とし

$$\{p^v_{h,j}(k|t)\}_{k \in (t, \cdots, t+T-1)} \tag{5.1}$$

で表す。ただし，T は評価区間であり，24 時間を制御周期（30 分）で離散化した時間で表し 48 とする。t は現在時刻を，k は離散化した各時刻（0 〜 47）をとる変数で，評価区間上の t 以降の将来時刻を示す。すなわち，式 (5.1) は，現在時刻 t における k 時刻先の充放電電力を評価区間分表現しており，充電時は正値，放電時は負値をとるものとする。なお，車両は複数台の所有も考慮できるよう N 台とした。

評価関数は

$$Z = \sum_{k=t}^{t+T-1} F(k) \widetilde{W}_h(k|t) \Delta t + \alpha \sum_{k=t}^{t+T-2} \sum_{j=1}^{N} D_{h,j}(k|t) \tag{5.2}$$

$$F(k) = \begin{cases} f^+(k), & \widetilde{W}_h(k|t) \geqq 0 \\ f^-(k), & 上記以外 \end{cases}$$

とする。式 (5.2) の第 1 項は買電による支出と，売電による収入の両者を考慮した 1 日の電気料金，第 2 項は充放電電力の変化量に対するペナルティを表しており，α は重み係数である。EMS の目的である「1 日の電気料金最小化」を達成するのであれば第 1 項のみで十分であるが，充放電回数が蓄電池の性能劣化の一因になることから第 2 項を追加し，できる限り少ない充放電回数で目的を達成しようとしている。ただし，$f^+(k)$ は買電の電気料金〔円 / Wh〕，$f^-(k)$ は売電の電気料金〔円 / Wh〕であり，電力会社との契約，料金プランによって決まる。$\widetilde{W}_h(k|t)$ は現在時刻 t における k 時刻先の電力需給の予測値〔W〕を表しており，需要（買電）時は正値，供給（売電）時は負値をとるものとする。$D_{h,j}(k|t)$ は，制御周期ごとの充放電電力変化量の上下限値であり，後述する制約条件式 (5.11)，(5.12) で使用される。

制約条件は，$^\forall k \in \{t, \cdots, t + T - 1\}$ に対し以下の式 (5.3) 〜 (5.12) で表すことができる。

$$\widetilde{W}_h(k|t) = \widetilde{W}_h^+(k|t) + \eta_h^{pv} \widetilde{W}_h^-(k|t) + \eta_h^{acdc} \sum_{j=1}^{N} p^v_{h,j}(k|t) + P_h^{standby} \tag{5.3}$$

$$W_h^{min} \leqq \widetilde{W}_h(k|t) \leqq W_h^{max} \tag{5.4}$$

$$\sum_{k=t}^{t+T-1} \widetilde{W}_h(k|t) \Delta t \leqq J_h^{max} \tag{5.5}$$

$$\widetilde{W}_h^+(k|t) + \eta_h^{acdc} \sum_{j=1}^{N} p^v_{h,j}(k|t) + P_h^{standby} \geqq 0 \tag{5.6}$$

$$p^v_{h,j}(k|t) \tilde{\gamma}_{h,j}(k|t) = 0 \tag{5.7}$$

$$P_{h,j}^{\mathrm{v,dis}} \leqq p_{h,j}^{\mathrm{v}}(k|t) \leqq P_{h,j}^{\mathrm{v,char}} \tag{5.8}$$

$$B_{h,j}^{\mathrm{v,min}}(k|t) \leqq b_{h,j}^{\mathrm{v}}(k|t) \leqq B_{h,j}^{\mathrm{v,max}} \tag{5.9}$$

$$b_{h,j}^{\mathrm{v}}(k+1|t) = b_{h,j}^{\mathrm{v}}(k|t) + \{1 - \tilde{\gamma}_{h,j}(k|t)\}Hp_{h,j}^{\mathrm{v}}(k|t)\Delta t - \tilde{\gamma}_{h,j}(k|t)\widetilde{B}_{h,j}^{\mathrm{v,cons}}(k|t) \tag{5.10}$$

$$H = \begin{cases} \eta_h^{\mathrm{char}}, & p_{h,j}^{\mathrm{v}}(k|t) \geqq 0 \\ \eta_h^{\mathrm{dis}}, & \text{上記以外} \end{cases}$$

$$D_{h,j}(k|t) \geqq p_{h,j}^{\mathrm{v}}(k+1|t) - p_{h,j}^{\mathrm{v}}(k|t) \tag{5.11}$$

$$-D_{h,j}(k|t) \leqq p_{h,j}^{\mathrm{v}}(k+1|t) - p_{h,j}^{\mathrm{v}}(k|t) \tag{5.12}$$

式 (5.3) は，現在時刻 t における k 時刻先の住宅の電力需給予測値 $\widetilde{W}_h(k|t)$ に関する条件である。ここで，$\widetilde{W}_h^+(k|t) \geqq 0$ は電力需要予測値〔W〕，$\widetilde{W}_h^-(k|t) < 0$ は太陽光発電電力予測値〔W〕，η_h^{pv} は太陽光発電電力の効率，η_h^{acdc}，P_h^{standby} は，それぞれ AC-DC インバータの変換効率，待機電力〔W〕を表している。

式 (5.4)，(5.5) は，それぞれ瞬時電力の上下限，積算電力量の上限制約を表す条件であり，電力会社との契約によって決まる。ここで，下限値 W_h^{min}〔W〕は負値であり売電側の上限値に，上限値 W_h^{max}〔W〕は正値であり買電側の上限値に相当している。J_h^{max} は積算電力量の上限値〔Wh〕，Δt は制御周期を表している。

式 (5.6) は，売電できる電力は太陽光発電電力に限られており，蓄電池に蓄電された電力は売電できず，住宅内での使用のみ可能であるという制約（逆潮流の禁止制約）を表している。

式 (5.7) は，車両が充電器を介して住宅に接続されている場合のみ車載蓄電池の充放電が可能であることを表している。ここで，$\tilde{\gamma}_{h,j}(k|t)$ は充電器への車両接続有無を表す 2 値変数で，1 の場合は未接続（走行中），0 の場合は接続（駐車中）を表している。

式 (5.8) は，車載蓄電池の充放電電力の上下限制約を表す条件であり，充放電器仕様から決まる。ここで，下限値 $P_h^{\mathrm{v,dis}}$〔W〕は負値であり放電側の上限値に，上限値 $P_{h,j}^{\mathrm{v,char}}$〔W〕は正値であり充電側の上限値に相当している。

式 (5.9) は，車載蓄電池容量の上下限値制約を表す条件であり，上限値 $B_{h,j}^{\mathrm{v,max}}$〔Wh〕は蓄電池仕様から決まる。下限値 $B_{h,j}^{\mathrm{v,min}}(k|t)$〔Wh〕には走行用に使用する蓄電池容量を考慮した最低蓄電池容量を設定する。車両の使用時間帯，走行時の使用電力を考慮しなければならないことから，定数ではなく時刻に依存した変数としている点に注意する。

式 (5.10) は，車載蓄電池の充放電ダイナミクスを表す式である。第 2 項は駐車中の充放電を，第 3 項は走行中の放電を表している。ここで η_h^{char}，η_h^{dis} はそれぞれ充電，放電効率である。$p_{h,j}^{\mathrm{v}}(k|t)$ は車載蓄電池から DC-DC コンバータを介した後の電力を表しているため，コンバータの効率を考慮すると，充電時は $p_{h,j}^{\mathrm{v}}(k|t)$ より蓄電量は少なくなり，放電時は $p_{h,j}^{\mathrm{v}}(k|t)$ より多くの蓄電電力を使用しなければ $p_{h,j}^{\mathrm{v}}(k|t)$ 分の電力を供給できないため，充放電ごとに定数を分けている点に注意する。また，$\widetilde{B}_{h,j}^{\mathrm{v,cons}}(k|t)$〔Wh〕は，現在時刻 t における k 時刻先における車

両走行で使用する電力量の予測値である。

式 (5.11), (5.12) は, 上述したとおり充放電回数を抑制するため, 制御周期間の充放電電力の変化量を $D_{h,j}(k|t)$ 〔W〕以内にする制約を表現している。ただし, 1 日の充放電回数に厳密な制約は存在しないため, 上下限値 $D_{h,j}(k|t)$ を評価関数の第 2 項に組み込むことによりソフト制約にしている。

なお, 上記最適化問題において, 評価関数, 制約条件を構成する変数

$$\{\widetilde{W}_h^+(k|t),\ W_h^-(k|t),\ \tilde{\gamma}_{h,j}(k|t),\ \widetilde{B}_{h,j}^{\mathrm{v,cons}}(k|t),\ B_{h,j}^{\mathrm{v,min}}(k|t)\}_{k\in\{t,\cdots,t+T-1\}}$$

はあらかじめ与えられるものとする。ここで, 電力需要の予測値 $\widetilde{W}_h^+(k|t)$ は, 自己回帰モデル (autoregressive model, AR model) などで予測することが可能である。太陽光発電電力の予測値 $\widetilde{W}_h^-(k|t)$ は, 気象データ配信会社などから得られる日射量予測値に基づく発電電力予測手法が提案されており, これらの結果を利用することが考えられる (5.4 節参照)。車両の充電器接続有無, すなわち車両の利用予測 $\tilde{\gamma}_{h,j}(k|t)$ については, 出発時刻ごとの走行時間の統計データから, 各時刻に対する到着までの残り時間の関係を left-to-right 構造の準マルコフモデルで表し, 動的計画法により求めることが可能である (8 章参照)。また, 走行で消費される蓄電量 $\widetilde{B}_{h,j}^{\mathrm{v,cons}}(k|t)$ は, 充電器接続時に車載蓄電池の蓄電量が取得できることを利用し, 出発時と到着時の車載蓄電池容量の差分データの傾向から予測し, $B_{h,j}^{\mathrm{v,min}}(k|t)$ については, 出発時に $\widetilde{B}_{h,j}^{\mathrm{v,cons}}(k|t)$ 以上の蓄電量が確保できるように設定する。

以上で最適化問題へ定式化できたことになるが, 式 (5.2), (5.10) に切換え条件が含まれているため, この形式のままでは最適化ソルバで解くことができない。そのため, 新たに補助論理変数を導入した混合論理動的システム (mixed logical dynamical systems, MLDS) として表現することを考える。

式 (5.2) において, $\widetilde{W}_h(k|t)$ の正負に対応する 2 値変数 $\delta_1(k) \in \{0,1\}$ を導入する。

$$\begin{cases} [\delta_1(k) = 1] \leftrightarrow [\widetilde{W}_h(k|t) \geq 0] \\ [\delta_1(k) = 0] \leftrightarrow [\widetilde{W}_h(k|t) < 0] \end{cases} \tag{5.13}$$

ここで, $\widetilde{W}_h(k|t)$ の最小値を m_1, 最大値を M_1 とすると, **図 5.3** の関係から式 (5.13) は以下の式と等価になる。ただし, ε_1 は微小な正の値である。

$$\begin{cases} \widetilde{W}_h(k|t) \geq m_1\{\delta_1(k) - 1\} \\ \widetilde{W}_h(k|t) \leq (M_1 + \varepsilon_1)\delta_1(k) - \varepsilon_1 \end{cases} \tag{5.14}$$

つぎに, $\delta_1(k)$ を使って式 (5.2) を書き直すと

$$Z = \sum_{k=t}^{t+T-1} [f^+(k)\widetilde{W}_h(k|t)\delta_1(k) + f^-(k)\widetilde{W}_h(k|t)\{1 - \delta_1(k)\}]\Delta t \tag{5.15}$$

となる。式 (5.15) は, 決定変数 $\widetilde{W}_h(k|t)$, $\delta_1(k)$ の積の項を含んでおり非線形である。線形化

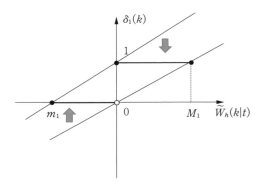

図 5.3　$\widetilde{W}_h(k|t)$ と $\delta_1(k)$ の関係

するため，新たな補助変数 $z_1(k) = \widetilde{W}_h(k|t)\delta_1(k)$ を導入する。$z_1(k)$ を使って式 (5.15) を書き直すと

$$Z = \sum_{k=t}^{t+T-1} [\{f^+(k) - f^-(k)\}z_1(k) + f^-(k)\widetilde{W}_h(k|t)]\Delta t \qquad (5.16)$$

となる。導入した変数 $z_1(k)$ は，**図 5.4** の幾何学的な関係より，以下の線形不等式の条件式 (5.17) と等価である。

$$\begin{cases} z_1(k) \leqq M_1\delta_1(k) \\ z_1(k) \geqq m_1\delta_1(k) \\ z_1(k) \leqq \widetilde{W}_h(k|t) - m_1\{1 - \delta_1(k)\} \\ z_1(k) \geqq \widetilde{W}_h(k|t) - M_1\{1 - \delta_1(k)\} \end{cases} \qquad (5.17)$$

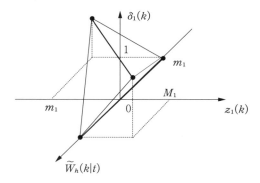

図 5.4　$z_1(k)$ と $\delta_1(k)$，$\widetilde{W}_h(k|t)$ の関係

　式 (5.10) に関しても同様に，上述した手順で MLDS へと変換できる。結果として，混合整数計画問題（mixed integer linear programming, MILP）に分類される最適化問題へ帰着される。よって，制御周期ごとに

① 車載蓄電池蓄電量 $b^v_{h,j}(t|t)$，住宅の消費電力 $\widetilde{W}^+_h(t|t)$，太陽光発電電力 $\widetilde{W}^-_h(t|t)$，車両の使用有無 $\tilde{\gamma}_{h,j}(t|t)$ を観測

② 評価区間分 $k = t+1, \cdots, t+T-1$ の住宅の消費電力 $\widetilde{W}^+_h(k|t)$，太陽光発電電力 $\widetilde{W}^-_h(k|t)$，車両の使用有無 $\tilde{\gamma}_{h,j}(k|t)$ を予測

③ 評価区間分 $k = t, \cdots, t+T-1$ の充放電電力 $p^v_{h,j}(k|t)$ を計画（上記最適化問題の求解に相当）

④ 現在時刻分の充放電計画 $p^v_{h,j}(t|t)$ を実行

の4ステップを繰り返してモデル予測制御を実行し，1日の電気料金最小化を達成する。

5.2.3 制御効果の検証

図 5.5 に示すような HEMS 模擬装置を構築し，5.2.2 項の定式化結果の妥当性および制御効果を実機検証する。HEMS 模擬装置は，**表 5.1** に示すように各装置を実際の住宅に設置する容量の 1/3 程度にスケールダウンした仕様とし，太陽光発電は太陽光パネル模擬装置に 1 日の日射パターンを入力し，住宅内および EV の走行に伴う電力消費は電子負荷装置に各消費パターンを入力することで模擬している。また，充電器への EV 接続有無は蓄電池の充放電端子に接続したリレーの ON/OFF で模擬している。制御周期は 30 分，評価区間は 24 時間，その他のパラメータは**表 5.2** の値に設定し，制御周期ごとに最適化を実行することでモデル予測制御を実現した。なお，最適化ソルバには，商用ソフトウエアの IBM ILOG CPLEX を使用した。

上記 HEMS 模擬装置において，電気料金低減効果，モデル化誤差に対するロバスト性を検証し，5.2.2 項で設計した制御系が実機で成立することを確認する。

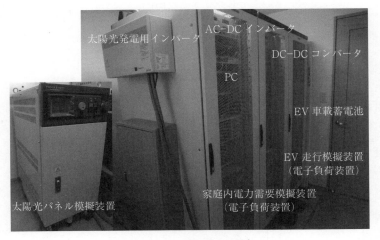

図 5.5 HEMS 模擬装置[1]

表5.1　HEMS 模擬装置仕様

構成部品	仕様
太陽光パネル模擬装置	5 kW
太陽光発電用インバータ	4.5 kW
家庭内電力需要模擬装置 （電子負荷装置）	2 kW
EV 走行模擬装置 （電子負荷装置）	3 kW
EV 車載蓄電池	3 kWh
DC‐DC コンバータ	2.5 kW
AC‐DC インバータ	2.5 kW

表5.2　パラメータ値

パラメータ	値
$f^+(k)$	21 円/kWh 7：00〜9：00 31 円/kWh 9：00〜17：00 21 円/kWh 17：00〜23：00 9 円/kWh 23：00〜7：00
$f^-(k)$	48 円/kWh
$W_h^{\max}$	2.5 kW
$J_h^{\max}$	50 kWh
$P_{h,j}^{\mathrm{v,char}}$	2 kW
$P_{h,j}^{\mathrm{v,dis}}$	− 2 kW
$B_{h,j}^{\mathrm{v,max}}$	3 kW
η_h^{char}	0.99
η_h^{dis}	1.01
η_h^{pv}	0.9
η_h^{acdc}	1.03
P_h^{standby}	120 W

〔1〕　電気料金低減効果

　さまざまな車両の使用タイプに対する1日の電気料金を比較し，HEMS の電気料金低減効果について検証する。車両の使用タイプとして表5.3に示す3種類を考え，太陽光発電電力，住

表5.3　車両の使用タイプ

タイプ	走行時間帯	充電器への接続時間
1	0：00〜24：00	0 時間
2	8：00〜19：00	13 時間
3	11：00〜17：00	18 時間

宅内の電力需要など他の条件はすべて同一とした。

　表5.4に，各車両の使用タイプに対する1日の電気料金を，図5.6，図5.7にタイプ3の場合の車載蓄電池充放電電力，蓄電量の24時間の推移を示す。表5.4より，充電器への接続時間が長いほど電気料金が低減されていることがわかる。すなわち，車載蓄電池がHEMSにおいて利用できる時間が長いほど，電気料金低減効果が顕著に現れるといい換えることができる。タイプ1はEVが完全に車両として使用されており，充電器への接続時間が0時間であるためHEMSの蓄電池として使用できず，住宅での電力需要に応じてなりゆきで売電，買電することになり，HEMSによる電気料金低減効果がまったく現れない事例である。これに対し，タイプ2，3は充電器に接続されている時間帯があり，EVがHEMSの蓄電池としても使用できるため，タイプ1に対しそれぞれ3％，57％の電気料金削減効果が生じている。特にタイプ3では，図5.6，図5.7からわかるとおり，住宅での電力需要が多くかつ電気料金の高い7：00〜9：00，17：00以降の時間帯に車両が充電器に接続されており，車載蓄電池からの放電により住

表5.4　1日の電気料金比較

α	タイプ1	タイプ2	タイプ3
0	92.7円	90.1円	39.5円
0.01	92.7円	92.6円	49.1円

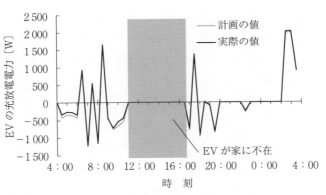

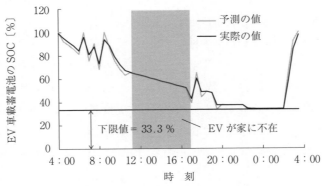

図5.6　車載蓄電池充放電電力，蓄電量の推移[1]（$\alpha = 0$）

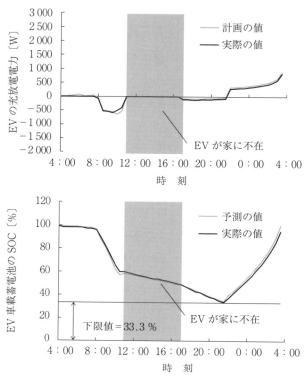

図5.7　車載蓄電池充放電電力，蓄電量の推移[1]（$\alpha = 0.01$）

宅の電力需要を賄うことが可能であるため，より低減効果が大きくなる。

　さらに，表5.4には充放電電力の変化量に対するペナルティの重みαが0の場合の電気料金を上段，0.01の場合を下段に示している。$\alpha = 0$の場合に対し，$\alpha = 0.01$の場合のほうが電気料金低減効果が少ないことがわかる。これは，重みαの効果により充放電の自由度が減少したためと考えられる。一方，図5.6に対し，図5.7の充放電電力の変化量が抑制されており，重みαによりねらいどおり充放電回数が減少していることがわかる。

　以上より，重みαは電気料金低減効果に影響を与えるため，電気料金低減と蓄電池の性能維持とのトレードオフを考慮したうえで決定する必要があることがわかる。

〔2〕　**モデル化誤差に対するロバスト性**

　モデル予測制御系が有するフィードバック構造がモデル化誤差に対するロバスト性に寄与していること検証する。30分ごとに車載蓄電池残量などセンサから得られる実状態を初期値として充放電計画を再立案し，再立案した計画に従って充放電を実行したフィードバック制御の結果である図5.7に対し，4：00時点で取得した実状態を初期値として充放電計画を立案し，4：00以降の各時刻の状態はモデルからの予測値を使用し，4：00時点の計画に従って24時間制御したフィードフォワード制御の結果を**図5.8**に示す。なお，電気料金，住宅の電力需要，太陽光発電電力など制御方式の違い以外はすべて同一条件としている。

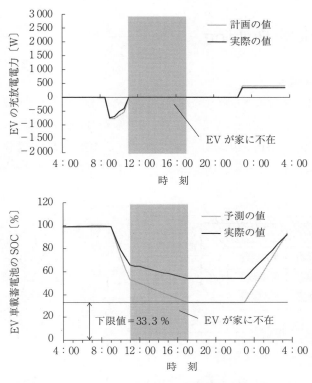

図 5.8 フィードフォワード制御による車載蓄電池充放電電力，
蓄電量の推移[1] （$\alpha = 0.01$）

　フィードバック制御では，車載蓄電池の残量の予測値と実値にほぼ乖離がなく 24 時間制御ができているのに対し，フィードフォワード制御の場合は，制御開始から時間が経つにつれて予測値と実値の乖離が増大し，17：00 以降は車載蓄電池残量が最低蓄電池残量 $B_{h,j}^{v,\mathrm{min}}$ に達していると予測されている。そのため，実際は最低蓄電池残量以上の残量があるにも関わらず，EV から住宅への放電が行われないことから，電気料金低減効果も減少する。蓄電池の充放電には温度などの環境要因も影響するため，式（5.10）の蓄電池の充放電ダイナミクスに温度特性などを加え，より詳細かつ複雑なモデルとすることで乖離を減少させることも考えられるが，式（5.10）の簡易モデルでもフィードバック構造があれば十分実機での制御に耐え得ることがわかる。制御性能向上には，モデルを詳細化するアプローチも重要であるが，特に実機への応用においては簡易モデルを使い最適解の求解時間を短縮することで，短周期のフィードバック制御を実現するアプローチが有用な場合もあるため試みてほしい。

5.3　Vehicle to Building

5.3.1　システム概要

本節では，集合住宅を対象とした EMS 設計問題を考える。車両からの放電対象が Building になるため，Vehicle to Building（V2B），EMS も対象が Building になることから，Building Energy Management System（BEMS）と呼ばれている（**図 5.9**）。集合住宅だけでなく，オフィスビルや商業施設などを対象とした EMS も BEMS と呼ばれることが多い。

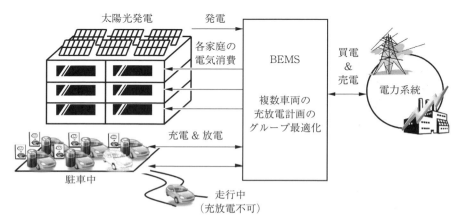

図 5.9　集合住宅と複数の車両を対象とした EMS（BEMS）[3]

近年，都市部を中心に太陽光パネルや，EV / PHV 用の充電器付きマンションが販売され始めている。太陽光パネル，EV / PHV といった設備は 5.2 節で述べた HEMS で想定したものと同じであるが，EMS の視点に立つと集合住宅ならではの特徴もあり，新たな価値が見出せる。個別住宅では，日中不在で電力需要がない，車両を通勤で使用するため充電器に接続されている時間が短いなど，対象となる住宅の生活スタイルによって EMS により電力制御する余地が少ない場合が見受けられた。一方，集合住宅では多種多様な世帯が暮らしており，電力需要や車両の使い方にばらつきが生じることが予想される。そのため，1 日を通して電力需要や駐車車両が存在する可能性があり，HEMS に比べて電力制御の余地があると期待される。

本節では，集合住宅に設置された太陽光パネルの発電電力，各世帯の電力需要と車両の使用予測に基づいて，集合住宅全体の 1 日の電気料金を最小化する車載蓄電池の充放電計画立案手法を紹介する[3]。

5.3.2　最適化問題への定式化

5.2 節で述べた HEMS の結果を拡張する形で，BEMS 設計問題も最適化問題へ定式化する。制御周期，評価区間は，HEMS と同様にそれぞれ 30 分，24 時間（1 日）とする。断りのない限

り，5.2 節と同一記号は同一の意味とする．

決定変数は，世帯 $h \in \{1, \cdots, H_g\}$ の保有する車載蓄電池 $j \in \{1, \cdots, N_h\}$ の充放電電力とし

$$\{p_{h,j}^{\vee}(k|t)\}_{k \in \{t, \cdots, t+T-1\}} \tag{5.18}$$

で表す．HEMS に比べ，BEMS では世帯 h 数分だけ決定変数が増加する．

評価関数は

$$Z_g = \sum_{k=t}^{t+T-1} F_g(k) \widetilde{W}_g(k|t) \Delta t + \alpha \sum_{k=t}^{t+T-2} \sum_{h=1}^{H_g} \sum_{j=1}^{N_h} D_{h,j}(k|t) \tag{5.19}$$

$$F_g(k) = \begin{cases} f_g^+(k), & \widetilde{W}_g(k|t) \geqq 0 \\ f_g^-(k), & \text{上記以外} \end{cases}$$

とする．式 (5.19) の第 1 項は買電による支出と，売電による収入の両者を考慮した集合住宅全体の 1 日の電気料金，第 2 項は充放電電力の変化量に対するペナルティを表しており，α は重み係数である．また，集合住宅の電気料金は一括受電による高圧契約など個別住宅とは異なる料金体系が設定されていることも多いことから，買電の電気料金を $f_g^+(k)$〔円／Wh〕，売電の電気料金を $f_g^-(k)$〔円／Wh〕と定義している．

制約条件は，$^{\forall}k \in \{t, \cdots, t+T-1\}$，$^{\forall}h \in \{1, \cdots, H_g\}$，$^{\forall}j \in \{1, \cdots, N_h\}$ に対し 5.2 節の式 (5.3)〜(5.5)，(5.7)〜(5.12) に加え，以下の式 (5.20)〜(5.22) で表すことができる．

$$\widetilde{W}_g(k|t) \leqq W_g^{\max} \tag{5.20}$$

$$\widetilde{W}_g(k|t) = \sum_{h=1}^{H_g} \widetilde{W}_h(k|t) \tag{5.21}$$

$$\sum_{h=1}^{H_g} \widetilde{W}_h^+(k|t) + \sum_{h=1}^{H_g} \sum_{j=1}^{N_h} p_{h,j}^{\vee}(k|t) \geqq 0 \tag{5.22}$$

集合住宅全体でも所定の契約量を超過しないことが必要であることから，式 (5.20)，(5.21) を加えている．式 (5.22) は式 (5.6) と同様に，売電できる電力は太陽光発電電力に限られており，蓄電池に蓄電された電力は売電できないという制約を表している．式 (5.6) との違いは，全車載蓄電池からの放電量が集合住宅全体の電力需要を超過しないという条件であるため，世帯ごとでみると世帯の電力需要以上の電力を世帯が保有する車載蓄電池から放電することがあり得る点である．ある世帯で電力需要がなくても，世帯の保有する車両蓄電池の電力を他世帯へ融通することが可能になるという点が個別住宅と集合住宅の EMS で大きく異なる点であり，個別最適化とグループ最適化の結果に違いが現れる要因になっている．なお，評価関数，制約条件に切換え条件が含まれているため，HEMS の場合と同様に MLDS への変換が必要である．

5.3.3 制御効果の検証

16 世帯の集合住宅を想定し，5.3.2 項で定式化した BEMS の制御効果を検証する．なお，制

御周期は 30 分，評価区間は 24 時間，各世帯の太陽光パネルは 1.5 kW，$B_{h,j}^{v,\min}$ はすべての時間で 0 Wh，その他のパラメータは表 5.2 の値に設定し，制御周期ごとに最適化を実行することでモデル予測制御を実現した。

制御効果の検証にあたり，16 世帯を 2 グループに分け，各グループに**図 5.10**，**図 5.11** に示すような 2 種類の電力需要，車両使用タイプを割り当て，**表 5.5** に示す 4 ケースを用意した。なお，電力需要のタイプ A は需要の少ない世帯，タイプ B は需要の多い世帯，車両使用のタイ

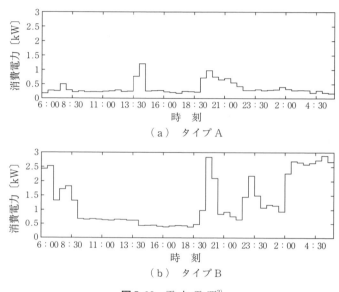

（a） タイプ A

（b） タイプ B

図 5.10 電 力 需 要[3)]

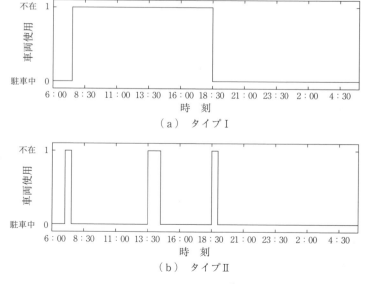

（a） タイプ I

（b） タイプ II

図 5.11 車 両 使 用[3)]

表 5.5 電力需要と車両使用の組合せ

電力需要	タイプ A	タイプ A	タイプ B	タイプ B
車両使用	タイプ I	タイプ II	タイプ I	タイプ II
ケース 1	8 世帯	8 世帯		
ケース 2			8 世帯	8 世帯
ケース 3	8 世帯		8 世帯	
ケース 4		8 世帯		8 世帯

プ I は通勤使用で 5 kWh 消費，タイプ II は送迎や買い物など短時間使用を繰り返す使い方で合計 2 kWh 消費する場合を想定して設定した。

下記 5 種類の環境下で数値シミュレーションを行った結果を**表 5.6**，**表 5.7** に示す。

1. EMS なし（W/O EMS）

2. 各世帯単位の EMS，すなわち HEMS を 16 世帯分組み合わせた場合（HEMS × 16）

3. 世帯間の電力融通を可能とした場合（BEMS1）

4. 集合住宅全体で使用可能な電力に上限がある場合（BEMS2）

5. 電力融通が可能かつ電力上限がある場合（BEMS3）

表 5.6 1 日の電気料金比較〔円〕

ケース	W/O EMS	HEMS × 16	BEMS1	BEMS2	BEMS3
ケース 1	1 878.03	1 435.22	998.48	1 451.97	998.48
ケース 2	7 238.00	5 292.06	4 320.13	7 024.82	6 678.81
ケース 3	4 570.25	4 252.14	4 252.84	4 252.84	4 252.84
ケース 4	4 570.25	2 487.85	2 487.85	2 600.85	2 600.85

表 5.7 1 日の売電電力量〔kWh〕

ケース	W/O EMS	HEMS × 16	BEMS1	BEMS2	BEMS3
ケース 1	3.30	18.58	33.28	14.47	33.28
ケース 2	0.00	16.35	29.59	0.71	28.81
ケース 3	1.65	2.43	0.78	0.78	0.78
ケース 4	1.65	31.91	31.91	31.91	31.91

表 5.6 は集合住宅全体の 1 日の電気料金，表 5.7 は 1 日に売電した電力量を示している。制御なしの W/O EMS に対し，制御ありの HEMS × 16，BEMS1 〜 3 はいずれも電気料金が低減していることがわかる。制御ありの場合について詳しく見てみると，ケース 1，2 に関しては，HEMS × 16 よりも BEMS1 が，BEMS2 よりも BEMS3 のほうが電気料金の低減効果が大きいことがわかる。ケース 1，2 は，表 5.5 に示すとおりグループごとに車両使用タイプが異な

り，グループ間での電力融通が行われるため，低減幅が大きい。電気料金が安価な時間帯に車載蓄電池に充電し，太陽光発電電力による売電収入が得られる時間帯や電気料金が高価な時間帯に放電して世帯の需要電力を賄うことで，料金低減が実現されている。表5.7において，ケース1，2ではHEMS×16よりもBEMS1が，BEMS2よりもBEMS3のほうが売電した電力量が多くなっていることがわかる。電力上限の影響については，ケース2のBEMS1に対しBEMS3の電気料金が増加していることから，電気料金が安価な時間帯での車載蓄電池への充電量が制限され世帯の需要を賄うための十分な蓄電量を確保できず，売電電力量の減少，電気料金が高価な時間帯での受電が増えたためであると考えられる。売電電力の減少は，表5.7からわかる。ケース1に関しては，BEMS1とBEMS3の電気料金が一致しているが，ケース1は電力需要の少ない場合であるため，BEMS3の場合でも電力上限の範囲内で車載蓄電池に十分な蓄電量を確保でき，売電や電気料金の高価な時間帯での車載蓄電池の放電がBEMS1と同様に行えたためである。売電電力に変わりがないことは，表5.7からわかる。

　一方，ケース3，4に関しては，HEMS×16とBEMS1，BEMS2とBEMS3の結果がほぼ同じになっている。これは，各グループの車両使用タイプが同一であるため，車載蓄電池による電力融通が発生しないためである。電力融通が発生しない場合は，個別最適化とグループ最適化の結果に差異がなくなってしまう。ゆえに，車両使用時間帯にばらつきが生じ，世帯間での融通が可能になるほど制御効果が大きくなるといえる。

　以上の検証よりBEMSによる電気料金低減効果が確認できたが，世帯間での電力融通により実現されており，集合住宅全体で低減された電気料金を各世帯へどのように還元すれば公平感を得られるか，すなわち受容性のあるインセンティブの設計は今後の課題である。

5.4　家屋内の電力消費の予測

5.4.1　予測とエネルギーマネジメント

　前節までで説明したように，HEMSとBEMSのモデル予測制御では，30分周期に24時間先までの発電電力，消費電力，車の使用を予測して24時間の電気代を最小化するように車載蓄電池の充放電を計画する。この予測はモデル予測制御では重要な要素であり，制御のパフォーマンス（エネルギーマネジメント（energy management，エネマネ）の場合は電気代の削減効果）を大きく左右する。しかし，発電電力，消費電力，車の使用といったものを，『果たして精度よく予測できるのだろうか?』というのは誰もが疑念を抱くところだろう。再生可能エネルギーによる発電電力は天候に大きく依存するし，消費電力と車の使用はわれわれ人間の生活の結果として現れるものである。天気予報を考えても，『それは確実に当たるものではない』ということをわれわれは知っているし，自分の生活様式を顧みれば，毎日がまったく同じパターンである（家電や車をまったく同じ時刻に同じ電力を使う）というのは（おそらくほとんどの人にとっては）あり得ないことであろう。

エネマネの一つの考え方は，予測をあきらめることである。どうせ外れることがあるなら，平均的なパターンをあらかじめ決めておいてそれに基づいて車載蓄電池の充放電を制御しよう，ということである。極端な考え方かもしれないが，それで普段の生活が滞りなく過ごせるなら，また天候や生活の多少の変動も吸収してくれるなら，それでよいというある意味保守的な考え方である。電気代の削減つまりはエネルギーの効率的な運用をあきらめるならば（経済システムも考慮したうえで電気代がエネルギーのコストを正直に反映しているならば）これでもよい。一方で，多少外れるにしても，予測を積極的に使っていこうという考え方がある。本章で扱っているモデル予測制御によるエネマネはその考え方に基づいている。

さて，未知の対象を予測するのにまず必要なものは何であろうか？　それはその対象のデータである。消費電力の予測であれば，過去の消費電力のデータがまず必要であり，それに付随してその家庭の家族構成や家電の情報，気温や天気のデータもあるとよいであろう。そして，データからモデル（方程式やテーブル）を作成する。このモデルは，現在からある段階の過去までの消費電力（とできればそれに付随するデータ）を入力として，つぎの時刻の消費電力を出力する。30 分周期で車載蓄電池の充放電量を計画するモデル予測制御では，つぎの時刻とは現在から 30 分後の未来を意味する。

一般的に，データが豊富であればあるほど精緻なモデルを作成できる。そのようなデータを得られる技術として，現在もスマートメータの導入が進んでおり，今後も SCADA（supervisory control and data acquisition）や IoT（Internet of Things）の技術の発展により，われわれの生活のより多くの情報を蓄積し，活用できるようになるだろう。逆にデータが少なければモデルに精度を期待できない。そのような場合は，前述したような保守的なエネマネを導入することが現実的であろう。しかし，前述のような情報技術は今後も発展していくであろうから，それにより得られるデータを活用してエネルギーを有効的に活用することは技術の発展としては，自然なことと思われる[†]。

本書では，以下，まず家庭での消費電力の予測手法について，文献 1) で用いられた方法について紹介する。また，本書の目的が電動車両のエネマネへの活用であることを鑑み，車の使用予測については別途 8 章でその詳細を述べる。

5.4.2　家庭での消費電力のデータ

2010 年から 2015 年にわたって一般家庭 25 軒から取得した消費電力のデータを用いて，予測モデルを作成した。**図 5.12** はそのうちの 2 軒の 1 日の消費電力のパターンを，季節ごとに並

[†]　もちろん，個人情報に関わるデータの取得に関するプライバシーの問題は考慮されるべきである。これはここで想定しているようなエネマネや予測の技術が社会に実装されるなかで，人々のその技術に対する受容性から評価されるだろう。また，効率性だけを追い求めることは，逆に突発的な事故や，過去のデータにまったく現れなかったという意味で，想定されていない現象に弱くなる。効率性だけでなく，頑健性や，例えば社会全体としての利益といった別の指標でのエネマネの設計も必要となろう。

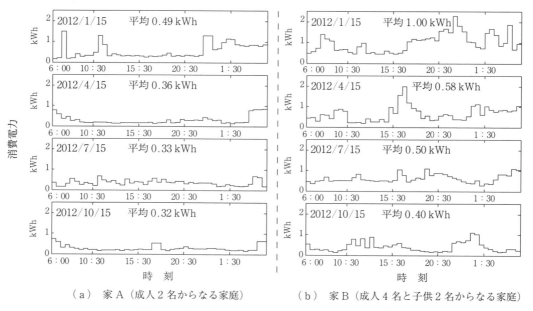

（a）　家A（成人2名からなる家庭）　　　　（b）　家B（成人4名と子供2名からなる家庭）

図5.12　2軒の家庭における季節ごとの電力消費の例[1]

べたものである。横軸が時刻であり，朝の6：00から1日分を表している。縦軸は30分ごとに積算した電力量〔kWh〕を表している。家庭Aは成人2名からなる家庭であり，家庭Bは成人4名と子供2名からなる家庭である。家族構成により平均の消費電力量が大きく違うことがわかる。季節は上から，冬，春，夏，秋の順であり，季節ごとでも省電力のパターンは異なることがわかる。冬の平均消費電力量が大きいのは，暖房による消費電力がかさむ傾向にあるからである。

5.4.3　自己回帰モデルによる予測モデル

ここでは自己回帰モデル（autoregressive model，AR モデルとも呼ばれる）を用いて，現在から1日先までの，未来の，消費電力を予測する。現在時刻を t として，家庭 h の消費電力を $W_h^+(t)$ と表現する。時刻は前節同様，Δt（$= 30$ 分）刻みで，0：00を1として，12：00を24，24：00を48と対応していると考える。つまり，$t \in \{1, \cdots, 48\}$ であり，48のつぎは（つぎの日の）1に循環すると考える。自己回帰モデルでは現在 t から R だけ過去の消費電力のデータ $W^+(t + 1 - r)$ $(r \in 1, \cdots, R)$ を用いて，つぎの時刻 $t + 1$ の消費電力 $\widetilde{W}^+(t + 1|t)$ を計算する。ここで，自己回帰モデルにより予測された消費電力であるという意味で，変数にチルダ『~』が付けられている。また，時刻 t の段階で計算された予測値であることを明示するために，時間の表現を『$(t + 1|t)$』としている。つまり，『|』の後ろが計算された時刻 t，前が予測された消費電力の時刻を表している。自己回帰モデルの式はつぎのようになる。

$$\widetilde{W}^+(t+1|t) = \sum_{r=1}^{R} \varphi_r W^+(t+1-r) + \varepsilon_{t+1} \tag{5.23}$$

ここで,$\varphi_r\ (r \in 1, \cdots, R)$ は AR パラメータと呼ばれ,時刻 $t+1$ の消費電力を予測するうえで,過去 $t+1-r$ における消費電力の関係性の強さを表している。R はつぎの時刻の消費電力を求めるのに,過去どれまでのデータを用いるかを表しているが,自己回帰モデルの次数 (order) とも呼ばれる。ε_{t+1} は誤差を表しており,ε_{t+1} を最小化するように AR パラメータが決定される。その最小化計算においては最小二乗法 (least-mean-squares) や Yule-Walker 法が一般的である。

〔1〕 自己回帰モデルの次数の決定

予測精度の高い自己回帰モデル式 (5.23) を得るには,次数 R を適切に定める必要がある。次数 R が定まれば,与えられたデータに対して AR パラメータ $\{\varphi_r\}$ は一意に定まるので,実質,次数 R が予測モデルの善し悪しを決定づけるパラメータとなる。

ここでは,赤池情報量規準 (Akaike information criterion, AIC) に基づき,次数 R を決定する手法を紹介する。自己回帰モデルにおける AIC は以下の式で定義される。

$$AIC = n(\ln(2\pi E) + 1) + 2(R+1) \tag{5.24}$$

ここで,n は与えられるデータの数である。E は与えられたデータを用いて AR パラメータを求めた際の誤差の平方和であり,次式で計算される。

$$E = \frac{1}{n'}\sum_{\ell=1}^{n'} \varepsilon_\ell^2 \tag{5.25}$$

n' は AR パラメータの同定に用いたデータの数である。

25 軒の家庭で,$1 \leq R \leq 150 = R_{max}$ の範囲で次数を変えながら自己回帰モデルを同定して,AIC を調べた。自己回帰モデルの導出には,各家庭において,2013 年 1 月,4 月,7 月,および 10 月の,各月の $\Delta t = 30$〔分〕周期で 1 440 点になる消費電力のデータを用いた。各家庭の各月における自己回帰モデルにおいて,AIC の最大値をプロットした図が**図 5.13** である。90 % 以上の家と月の組合せで,最大値は $R = 48$ となった。すわなち,$W^+(t)$ と $W^+(t-48)$ に強い相関があることを示しており,1 日を 30 分で刻むと 48 ステップになるので,これは多くの場合,電力の使い方に 1 日のおおよその周期があることを意味している。消費電力の予測モデルを作成するときは家庭ごと,月ごとに適切な R_{max} を選択することが望ましいが,まずは $R_{max} = 48$ として始めてもよいであろう。

〔2〕 AR パラメータの例

AR パラメータを同定した例として,家庭 No.2 の 1,4,7,10 月のデータについて,家庭 No.19 の 4 月のデータについて同定した結果を**表 5.8** に示す。ただし,見やすさのために,AR パラメータ φ_r の大きさが 0.05 以上のものだけを表示している。この表から,φ_1,φ_2,φ_{47},および φ_{48} が,比較的大きな値になっている。これは,現在時刻を t としたときに,つぎの 30

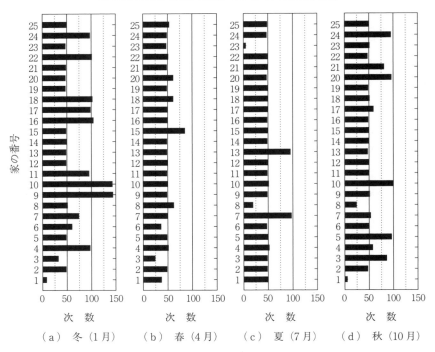

図 5.13 25 軒の家庭における消費電力のそれぞれの自己回帰モデルにおける,
AIC が最大となる次数 R（横軸）[1]

分後の時刻 $t+1$ における消費電力 $W^+(t+1)$ を予想しようとしたとき，それぞれ $W^+(t)$,
$W^+(t-1)$, $W^+(t-47)$, および $W^+(t-46)$, が重要であることを意味している。$W^+(t)$ と
$W^+(t-1)$ は，予測したい時刻 $t+1$ から，それぞれ 30 分前と 1 時間前という直近の消費電
力である。一方，$W^+(t-47)$ は予測したい時刻 $t+1$ のちょうど 1 日前（48 ステップ前）の
値であり，$W^+(t-46)$ は，時刻 $t+1$ の 1 日前の直後（47 ステップ前）の値である。

　しかしながら，これもあくまで傾向であり，必ず成り立つというものではない。家庭ごとに，
また同じ家庭でも季節ごとに AR パラメータが違うことはその証左である。消費電力の予測精
度を上げたいならば，例えば季節ごとに自己回帰モデルを用意することが考えられる。また，
他のモデルを切り換える要因として天候や曜日も考えられる。ただし，あまり細分化してモデ
ルを用意するということは，モデルを同定するのに使うデータを細分化することも意味してい
る。逆に一つのモデル当りに使えるデータの量が減ってしまい，逆にモデル化の精度（予測精
度）が下がってしまうことがあるので，注意が必要である。

〔3〕　自己回帰モデルの予測誤差の評価

　$k-$分割交差検証（$k-$fold cross validation）を用いて，求めた自己回帰モデルの予測誤差を評
価しよう。25 軒の各家庭の 1, 4, 7, 10 月の消費電力の各データについて，各ひと月分の内で
欠損したデータを省いて，27 日分のデータを用いた。$k-$分割交差検証では，データを k 個に

表 5.8　家庭 No.2 と No.19 の AR パラメータ：読みやすさのために大きさが 0.05 以上のものだけを表示している[1]

φ_r	家庭 No.2				家庭 No.19
	冬	春	夏	秋	春
φ_1	0.714	0.507	0.615	0.771	0.732
φ_2	− 0.090		− 0.136	− 0.161	
φ_3		0.077		0.105	− 0.079
φ_4		− 0.059	0.066		0.129
φ_5					− 0.083
φ_6					0.060
φ_7			0.058		
φ_8				0.075	
φ_{12}			0.064		
φ_{13}		0.065			
φ_{16}			− 0.056	0.066	
φ_{17}	0.056				0.072
φ_{20}					0.055
φ_{21}					− 0.068
φ_{22}	0.076				
φ_{23}				− 0.064	
φ_{24}		0.076		0.097	− 0.055
φ_{25}	0.076		0.062	− 0.073	
φ_{26}			− 0.056		
φ_{27}		0.054			
φ_{28}				0.054	
φ_{30}	0.056				
φ_{32}					− 0.058
φ_{33}			0.057		
φ_{36}			0.071		
φ_{39}	− 0.053				
φ_{41}		− 0.058			
φ_{44}	0.056				0.063
φ_{45}					− 0.061
φ_{47}	0.095	0.068	0.107	0.098	0.055
φ_{48}	0.116	0.130	0.155		0.080

分割して，その内の $k-1$ 個を用いてモデルを作成し，モデルの出力と残り 1 個のデータとの誤差を求めるという手順を，データを入れ替えながら k 回繰り返す方法である。つまり，$k=27$ として，1 日のデータを 1 セットとして，27 セット（27 日）のデータを 26 セットと 1 セットに分けながら，入れ違いに 27 回誤差を計算する。その計算結果を**図 5.14** に示す。25 軒の家庭の冬，春，夏，秋にそれぞれ対応するひと月のデータに対して，交差検証をした。RMSE の平均値を直方体の高さとして，最大値と最小値を誤差範囲として示してある。また，全家庭にわたる RMSE の平均値も示してある。全家庭にわたる RMSE は，消費電力が総じて大きい冬場（1 月）に最も大きく，500 W ほどとなった。このように予測モデルを誤差により評価し，必要であればモデルの細分化や，自己回帰モデル以外のモデルの利用も考えることが大事である。

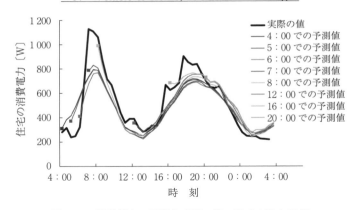

図 5.14 消費電力の予測と実際の値：30 分ごとに予測
した消費電力の曲線を重ねて描写した[1]

〔**4**〕 **自己回帰モデルを用いた 24 時間先までの予測**

　自己回帰モデルは，あくまで現在時刻 t からつぎの時刻 $t+1$ における消費電力を算出する
モデルである。モデル予測制御では現在時刻から 24 時間先までの消費電力の予測が必要であ
るため，自己回帰モデル式（5.23）に手を加える必要がある。モデル予測制御では 24 時間先を
制御周期 $\Delta t = 30$〔分〕として，T（$= 48$）ステップ先として表現していた。そこで，現在時
刻から $\tau \in \{1, \cdots, T\}$ ステップ先までを，自己回帰モデルを再帰的に用いて次式のように予測
する。

$$\widetilde{W}^+(t+\tau|t) = \sum_{r_1=1}^{\tau-1} \varphi_{r_1}\widetilde{W}^+(t+\tau-r_1|t) + \sum_{r_2=1}^{R} \varphi_{r_2}W^+(t+\tau-r_2) \tag{5.26}$$

順に，$\tau = 1$ から計算し，$\tau = 2, 3, \cdots, T$ まで計算する。すなわち，時刻 $t+1$ での予測値を
用いて時刻 $t+2$ の予測値を計算し，またそれを用いて時刻 $t+3$ の予測値を計算し…，とい
う具合である。ただ，この予測手法では，遠い未来になるほど予測精度が低くなるということ
は，直感的にわかるであろう。しかし，モデル予測制御では，**図 5.15** のように 30 分（Δt）の
各制御周期において，そのときまでに得られた観測値（ここでは消費電力）を用いて消費電力
を予測し直す。つねに予測を更新し，計算された蓄電池の充放電量のうち，現在から 30 分の値
のみを実際の制御に用いる。つまり，予測の信頼が置けるところのみを制御に使うので，制約
を破るといった制御の破綻をきたす心配はあまりない。このように，モデル予測制御では，予
測モデルの精度に対してある程度なら妥協してもよいという考えもある。もちろん，充放電量
は 24 時間先までの予測に基づいて評価するので，予測精度が高いほど制御のパフォーマンス，
つまり電気代の削減効果が増大することが報告されている[4]。

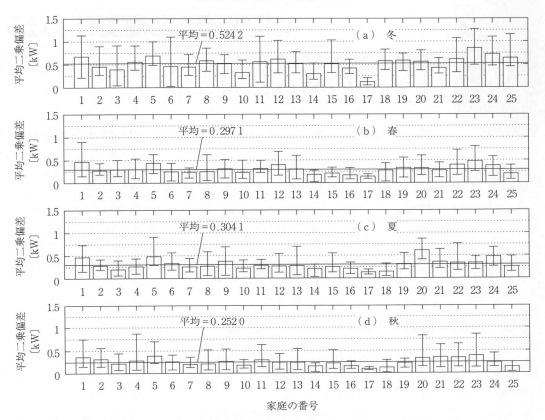

図 5.15 モデル予測制御における家庭の消費電力の予測：ここでは1時間ごとの予測結果のみをプロットした。モデル予測制御では制御周期ごとに，それまでに観測された消費電力の情報を用いて，現在から24時間先までの消費電力を予測する。そのため，現在から直後（30分後）の値（四角い点）の予測値は実測値と近くなる[1]。

引用・参考文献

1） Ito, A., Kawashima, A., Suzuki, T., Inagaki, S., Yamaguchi, T., and Zhou, Z.：Model Predictive Charging Control of In-Vehicle Batteries for Home Energy Management Based on Vehicle State Prediction, IEEE Transactions on control systems techinology, **26**, 1, pp.51-64 （2018）

2） 製品評価技術基盤機構化学物質管理センター：室内暴露にかかわる生活・行動パターン情報, 4.1. 自動車の運転時間, www.nite.go.jp/chem/risk/expofactor_index

3） Kawashima, A., Yamaguchi, T., Sasaki, R., Inagaki, S., Suzuki, T., and Ito, A.：Apartment Building Energy Management System in Group Optimization with Electricity Interchange Using In-Vehicle Batteris, SICE Journal of Control, Measurement, and System Integration, **8**, 1, pp.52-60 （2015）

4） Yamaguchi, T., Inagaki, S., Suzuki, T., Ito, A., Fujita, M., and Kanamori, J.：Model predictive control of car storage battery in HEMS considered car traveling, The SICE Annual Conference 2013, pp. 1352-1358 （2013）

6 Vehicle to Grid と アンシラリーサービス

　昨今のエネルギー問題，環境問題に端を発し，われわれの生活と社会を支えるエネルギー，特に電力システムの変革とそのための技術開発が求められている。そのなかで，電力需給量の変動に不可欠な電力貯蔵の一員として電気自動車が着目を集めている。電気自動車を移動する蓄電池と捉えることで，電力システムとの連携からさらなる付加価値を見出せる可能性がある。Vehicle to Grid（V2G）は「車を電力系統（grid）に接続して電力システムの安定化などのサービスを実現する」ということを意味している。本章では，電気自動車と電力システムの連携について，国，自治体，企業，大学などの最新の取組みについて解説する。

6.1　電気自動車と電力システムの協調

　電気自動車の普及は，充電設備やその背後の電力システムにさまざまなインパクトを与える可能性がある。走行のためのエネルギー源がガソリンから電力へ転換され，電力システムには新規の電化需要がもたらされることとなる。電気自動車の1日の電力消費量 3.57 kWh（走行距離 25 km，電費 7 km／kWh と想定），充電電力 6 kW は，家電製品や空調・給湯機器に比べても大きく，乗用車がすべて電気自動車になる際のインパクトは容易に想像できよう。

　電気自動車の充電のタイミング・量を制御することで，太陽光・風力発電からの余剰電力を有効活用するスマート充電は，自動車・電力両分野を横断した Well-to-Wheel Zero Emission[1] に向けた有効なソリューションである。太陽光発電により昼間に余剰電力を生じるような場合に対してはワークプレースチャージング（職場での昼間充電），風力発電により夜間に余剰電力を生じるような場合に対しては，住宅や職場の乗用車・商用車への夜間充電がそれぞれ期待されている。最近では，業務用車両を将来的には 100 % 電動車両とする EV100 への参画の動きが見られている。EV100 の車両への充電電力を再生可能エネルギー由来とする RE100 の取組みも考えられよう。また，電気自動車向けの再生可能エネルギー充電料金，あるいは相応のインセンティブの設定や太陽光・風力発電と電気自動車の相対電力取引の動きも見られる。

　電気自動車の車載バッテリは走行可能距離延伸のため 40 kWh を超えてきている。住宅の電力消費量の4日相当（1日の消費量 10 kWh を想定）を蓄えており，市庁舎や重要施設において非常時・災害時の電力供給を継続する BCP（business continuity plan），住宅や集合住宅の LCP（life continuity plan）の観点や，電力需要ピーク時に住宅やビルに蓄えたエネルギーを供給す

る Vehicle to Home（V2H），Vehicle to Building（V2B）など，電気自動車の走行時以外の活用にも期待が集められている。このような応用ではまとまった電力量（kWh）を継続的に放電することが必要となるが，短期的な充放電のサイクル，すなわち，電力調整能力（ΔkW）を電力システムに提供する Vehicle to Grid（V2G）も電気自動車の走行用途に影響を与えることなく，電気自動車の停車時間に新しい価値を創造するサービスとして検討されている。電気自動車がバーチャルパワープラントとして電力システムと連系し，走行以外の空き時間に従来は大規模発電所や送配電ネットワークの制御機器が担ってきた，周波数や電圧などの電力品質維持のための調整サービス（アンシラリーサービス）を提供することで，サービス参加へのインセンティブを電気自動車オーナーへ還元するスキームである。

　以上のような，低炭素・分散・強靱な自動車・エネルギー融合社会の絵姿が経済産業省会議により描かれており，**図 6.1** に示す[1]。

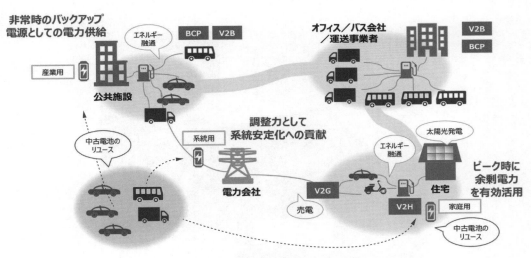

図 6.1　低炭素・分散・強靱な自動車・エネルギー融合社会
〔経済産業省：自動車新時代戦略会議〕[1]

6.2　Vehicle to Grid の実証・研究開発事例

6.2.1　米国での最初の V2G 実証

　米国西海岸では，電気自動車と再生可能エネルギー両方の普及が進んでおり，充電インフラ整備（住宅・職場），充電需要解析，充電料金設計やデマンドレスポンスなど総合的な取組みが行われている。Charge Forward プロジェクトでは，電気自動車の充電集中による住宅地周辺の配電ネットワークの過負荷を回避するための充電タイムシフトの実証が行われている。また，フェーズ 2 ではダックカーブ（晴天時に太陽光発電出力が大きく，電力需要が昼間くびれ

たような形状となり，既設電源の出力調整や予備力確保が困難になる）の問題に対して，晴天時に太陽光発電で電気自動車を一斉に充電するスマート充電の実証が実施されている。

　米国ではまた，定置型電力貯蔵や電気自動車等の分散型電力貯蔵を，電力需要の変動や太陽光・風力発電の自然変動に対する需給調整に活用する電力調整市場の整備が進められている。デラウェア大学の Grid on Wheels プロジェクトでは，図 6.2 のように，電気自動車を移動するインバータ（moving inverter）として系統連系・充放電制御機能を搭載し，電気自動車が機動的に V2G / V2H / V2B を実施する。充電スタンドに電力メータと通信モジュールが搭載されており，ISO（independent system operator）からの周波数調整信号を 2 秒ごとに受信，信号に応じた周波数調整参加の収入 150 ドル，充電料金支出 40 ドルとなる一方，秒単位での充放電の繰返しは充電状態（state of charge，SOC）にはあまり影響を与えないことが実証されている[2]。V2G に対応した電気自動車は GIV（grid integration vehicle）と名付けられ，システム構成とビジネスモデルが世界各国に展開されることとなった。

図 6.2　デラウェア大学での電気自動車によるアンシラリーサービス実証

6.2.2　欧州への展開

　欧州では，エネルギー分野と交通分野の大幅な低炭素化には分野横断（sector coupling）が必須と考えられ，電気自動車を再生可能エネルギーや電力システムのパートナーとして活用する考えが定着している。デンマーク工科大学の Parker / ACES プロジェクトでは，図 6.3 のように，電気自動車を電力システムリアルタイムシミュレータに接続するビルトインガレージが構成され，周波数変動，あるいは，ROCOF（rate of change of frequency）に応じて高速に充放電させる試験が行われている[3),4)]。ボーンホルム島の電力システムを自立運転させ，島に大量導入されている風力発電と需給調整を担うディーゼル発電機と電気自動車 20 数台の協調制御を実施するマイクログリッド実証も行われている。また，電力会社の社用車 10 台をビジネスタ

急速充電コネクタ
DC 400 V/10 kW

定置型充電器
DC–AC 双方向変換器,
電力計, 通信モジュール

電気自動車：日産 e-NV200
バッテリ：DC 400 V/24 kWh

図 6.3　デンマーク工科大学での電気自動車によるアンシラリーサービス実証

イム（午前 7 時から午後 4 時）以外に周波数調整（frequency containment reserve, FCR）に参加させる V2G 実証も実施中である。充電スタンドに直流–交流変換器（DC–AC コンバータ），電力メータ，通信モジュールが搭載され，充電スタンドが主体となって系統連系・充放電制御を実施していることがシステム構成上の特徴である。電気自動車ユーザに再生可能エネルギーの発電時期に合わせたスマート充電を促し，その環境価値を定量評価することを目的として，5〜15 分ごとの発電源の内訳とその発電源の CO_2 排出量の情報をリアルタイムで公開するとともに，充電タイマーなど電気自動車向けのアプリケーションへの API（application interface）を公開する electricityMap と呼ばれるツールが開発されている[5]。

　再生可能エネルギー電源と電気自動車の早期普及が見込まれる，ドイツ，オランダ，英国でも V2G 実証が企画・実施されており，特に英国では，バス／公用車／社用車／乗用車などさまざまな利用を包含した 2 700 台の規模の電気自動車と TSO（transmission system operator）および DNO（distribution network operator）との協調を志向する V2GB（Vehicle to Grid Britain）と呼ばれる中規模実証が 2018 年度から進められている。

6.2.3　技術開発が進む日本

　電気自動車が早くから販売されている日本では，外部システムとの充放電制御が可能な車両，充電スタンド，インタフェースも整備され[6]，国内では V2H／V2B に，海外では多くの V2G 実証で採用されている。V2G の制度や需給調整市場参加についても，電力会社 5 社（九州，関西，中部，東京，東北）が自動車，電機，アグリゲータなどと連携する V2G 実証事業が 2018 年度から実施されている[7]。

　著者の研究グループが V2G 制御設計や実現性検証のために構築してきた V2G 試験装置を**図**

6.4 に示す。電力システムのアンシラリーサービス信号に応じた充放電制御と周波数変動検出値に応じたドループ制御の複合制御を設計・実装し[8]，大学の二つのキャンパスの電気自動車に対する遠隔制御試験を実施した[9]。

（a）　東京大学柏キャンパス　　　　　　　　（b）　東京大学本郷キャンパス

図 6.4　電気自動車の V2G 試験設備

　現在では，電力システムのリアルタイムシミュレータを連携させることで，電気自動車制御時の電力システムとの相互作用を考慮したさまざまなアンシラリーサービスの検証が可能な試験設備へ展開している（**図 6.5**）。再生可能エネルギーが大量導入された電力システムの需給調整に必要とされる FFR（fast frequency response）の制御設計や効果検証[10]，電気自動車の充放電制御時に電気自動車が接続される住宅周りの配電フィーダに生じる電圧変動を電気自動車自身の無効電力制御により抑制するスマートインバータ制御の効果検証[11] などの研究を実施し

（a）　研究室階下　　　　　　　　　　　　（b）　研究室内

図 6.5　電気自動車によるさまざまなアンシラリーサービスの試験設備

ており，成果の一部をつぎに紹介する。

6.2.4　その他の研究開発動向

　ここまでで紹介した電気自動車の実証・研究開発は，比較的小規模台数での技術・制度の検証が主であった。電気自動車普及時にプラグインされる機会が多い配電系統フィーダには数百から数千の住宅が接続されており，このレベルでの電気自動車制御を可能とするスケーラブルなシステム構築が必要となる。これに対して，① 参加者が分散台帳管理に参加することで大規模なサーバを要することなく取引や決裁が可能，② 分散台帳管理のため取引情報や経路情報の管理が容易でその改ざん等も難しい，③ 参加者が相対取引を低コストでシンプルに実施可能，などの特長を有するブロックチェーン技術を利用した再生可能エネルギーと電気自動車の相対電力取引の動きがみられる。Innogy SE 社は，Share & Charge 財団のブロックチェーン技術を応用した取引・決裁の仕組みをシェアリング電気自動車も含む充電システムに適用し，再生可能エネルギーからの充電や充電料金精算をスマートな形で実装している。電気自動車ユーザ，充電スタンド，電力システムの間の電力取引・決裁を実現するスマートフォンインタフェースとクラウドシステムが備えられている（**図 6.6**）。

ユーザとアセット

シェアリングと充電

ブロックチェーン

図 6.6　ブロックチェーン技術を応用した電気自動車の Share & Charge

　電気自動車のエネルギーマネジメントへの活用には，電気自動車ユーザが居住する住宅へのサービス：V2H，職場など電気自動車の移動先でのサービス：V2B，接続場所を問わず空き時間に実施するサービス：V2G，など複数のサービスが考えられ，このような複数のサービスを最適化するプラットフォームを開発する動きも活発である。Moixa Energy Holdings, Ltd. は，家庭用蓄電池や電気自動車を対象として，AI を利用した需要家内外のサービスの最適化を，電気自動車ユーザ，サービス事業者，電力システム運用者をつなぐ，GridShare Platform を開発している。

　電気自動車がバーチャルパワープラントとなるためには，事故時運転継続（fault ride through，FRT）や単独運転検出（islanding detection），欧米で議論されている意図的な単独系

統運転（intentional islanding operation），マイクログリッド運転，ブラックスタートなどの高度な運転・制御も必要とされるかもしれない。太陽光・風力発電など再生可能エネルギーのシェアが拡大する局面では，電気自動車をはじめとするエネルギー貯蔵機器が付加的な制御を提供することで，再生可能エネルギーの主力電源化を実現する役割も期待されている。同期発電機の並列台数低減に伴う系統慣性低下を補う擬似慣性（synthetic inertia）やグリッドフォーミング（grid forming）と呼ばれる先進制御の研究開発も検討されている。電気自動車が連系される配電系統では，太陽光発電や電気自動車の大量連系に伴う電圧・潮流混雑の管理を電気自動車自体の有効電力・無効電力制御により実施することで，配電系統の制御アセットとして活用することも検討されている。

6.3 Vehicle to Grid の制御設計と実装[11]

6.3.1 電気自動車によるスマートインバータ制御

　電力システムのアンシラリーサービスの一つとして，周波数変動に応じて高速に充放電を実施する高速周波数応答（fast frequency response）に注目する。電気自動車でこのアンシラリーサービスを実施すると，連系地点である住宅地周辺の配電フィーダには，電気自動車の制御状況に応じた有効電力の外乱が注入されることとなる。これを連系点の電圧変動から推定し，無効電力制御を付加することで，周波数と電圧の変動抑制を同時に実現するスマートインバータ制御を設計した。

　上記の制御では，周波数・電圧同時変動環境下での周波数・電圧検出と，電気自動車のバッテリー・電力変換系のインバータ応答，充電インタフェースの諸応答などの特性が制御効果に影響する可能性がある。また，電力システムのタービン発電機や調速機制御のダイナミクス，配電フィーダの電圧分布，複数台の電気自動車群の制御動作の干渉の有無の検証が必要となる。そこで，電気自動車のV2G試験装置と電力システムの周波数ダイナミクスと電圧分布を表現したリアルタイムシミュレータを連成したHardware-In-the-Loop Simulation（HILS）環境を構成し，電気自動車のスマートインバータ制御の効果と実現性の検証を行う。

6.3.2 HILS の構成と電気自動車の制御手法

　図6.5の試験装置を利用してHILSを構成する。電気自動車と太陽光発電のスマートインバータが導入された配電フィーダモデルと電力システムの需給計算モデルをリアルタイムシミュレータに実装する。周波数・電圧変動の演算結果をパワーアンプ2式（単相と三相）で配電フィーダの電気自動車の連系点に出力し，電気自動車のスマートインバータ制御をV2G対応充電システムとSimulinkにより制御系の設計・実装が可能なプログラマブル電力変換器のそれぞれで実現している。有効・無効電力計測値をリアルタイムシミュレータに戻し，つぎのタイムステップの周波数・電圧変動をモデルから計算する。

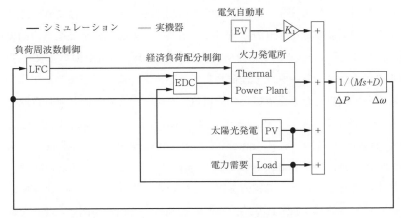

図 6.7　リアルタイムシミュレータ内の電力システムモデル

　電力システムモデルは**図 6.7** に示すように，火力発電所，太陽光発電，電力需要，電気自動車から構成されている。慣性定数が小さく周波数変動が顕著に現れる神奈川県規模のマイクログリッドを想定している。すべての電力需要を火力発電機 1 台で補い，ガバナフリー（governor free，GF），負荷周波数制御（load frequency control，LFC），経済負荷配分制御（economic load dispatching control，EDC）から出力を計算する。太陽光発電は，2030 年の目標から総電力需要の 20 % の容量を導入し，出力変動が大きい曇天時のデータを発電出力として利用した。電力需要は，東京電力のでんき予報のデータにノイズを加え，神奈川県規模（16.7 %）に縮小したものを利用した。電気自動車は，神奈川県の自動車の保有台数 300 万台，2030 年の電気自動車目標 16 % から 48 万台を想定した。

　配電フィーダモデルを**図 6.8** に示す。電力システムモデルで算出した周波数変動を配電用変電所の電圧源に入力し，配電用変電所の二次側電圧を 6 600 V とする。配電線のこう長 5 km

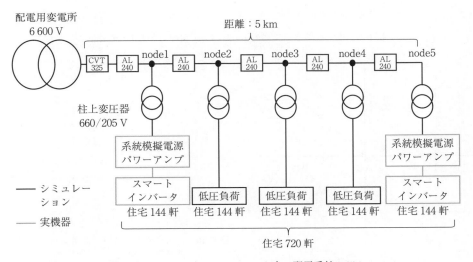

図 6.8　リアルタイムシミュレータ内の配電系統モデル

にノードを五つ配置し，柱上変圧器を介して低電圧配電線に144軒の需要家が連系している。配電フィーダ全体の需要家数は720軒，すべての需要家に太陽光発電と電気自動車が導入されており，各需要家の負荷0.5 kW，太陽光発電最大出力6 kW，電気自動車充放電容量6 kVA とした。リアルタイムシミュレータ内で模擬するインバータは電流源でモデル化し，PLL（phase lock loop）によって検出した連系点電圧の位相角に対応した有効電流と無効電流を出力する。実機のインバータはシミュレータ内のモデルと同様に，自由な制御設計が可能なインバータ（rapid prototype inverter）の ACR（automatic current regulator）の制御をベースに，連系点電圧と周波数から APR（automatic power regulator）と AQR（automatic reactive power regulator）によって有効電力と無効電力を制御している。実機のインバータは配電用変電所に最も近い node1 に三菱電機：Smart V2G，末端の node5 に TriphaseNV：PK5 を電気自動車として接続し，ほかは実機の応答に近い，むだ時間0.2秒，一次遅れ時定数0.15秒を含んだ ACR を用いてリアルタイムシミュレータに実装し，node2，3，4 に設置する。

電気自動車のスマートインバータ制御の有効電力と無効電力に対応する特性をそれぞれ**図**

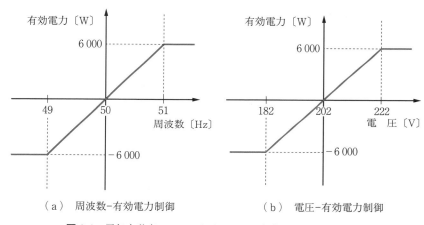

（a）周波数-有効電力制御　　　　　　（b）電圧-有効電力制御

図 6.9 電気自動車のスマートインバータ制御：有効電力の特性

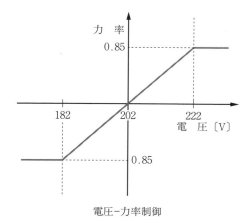

電圧-力率制御

図 6.10 電気自動車のスマートインバータ制御：無効電力の特性

6.9 と図 6.10 に示す。

6.3.3　試　験　結　果

　電気自動車の制御なしと制御ありの場合の各 node の電圧の応答を図 6.11（a），（b）にそれぞれ示す。太陽光発電からの逆潮流に伴い，電圧管理目標である 214 V を上回る電圧変動が生じているが，電気自動車の無効電力制御により効果的に抑制できていることが確認できる。node1 と node5 それぞれに制御応答遅れを伴う実機インバータが接続されているが，制御の干渉や発振などは生じず，安定に制御が行われている。図（c）には，実機を接続せずにリアルタイムシミュレータ内ですべてのインバータ制御を実装した理想的なケースを示す。実機の応答遅れによる小刻みな振動成分が発生せず，電圧変動の範囲もより良好な結果を示している。図 6.12 には，電気自動車の制御有無による周波数の応答を示す。図中，Freq/Watt は周波数変動に応じて有効電力を制御する電力システム向け，Freq-Volt/Watt は自身の有効電力制御の結果による配電系統の電圧変動を自身で抑制する Volt/Watt を同時に実装した制御であるが，どちらも周波数変動を抑制できていることが確認できる。

6.4　モビリティ × エネルギーの総合実証：Charge and Share[11]

　東京都市大学では，電気自動車が住宅，マンション，さらには都市レベルで広く普及することを想定して，電気自動車を各シーンにいざなう図 6.5 のようなキャンパス実証設備を備えている。電気自動車車両 3 台（2 台は TEPCO CUUSOO の EV 活用アイデアコンテスト受賞により貸与[12]，1 台は学内研究経費で購入）を，東京都市大学 3 キャンパス（世田谷 / 等々力 / 横浜）に展開し，電気自動車と太陽光発電を併設する住宅，多数台の電気自動車を集約するアグリゲータを司るサーバ，電気自動車が連系される住宅地周りの配電系統フィーダの電気特性，そして電力システム全体の需給バランスの状況をエミュレートする電力システムリアルタイムシミュレータを備えた試験設備を研究室内に構築している。

　キャンパス実証のフェーズ 1 として，講義棟の太陽光発電からのスマート充電，研究室・講義棟との V2H/V2B が可能な充放電システムの導入と，リアルタイムシミュレータと連携した V2G 試験を完了している。再生可能エネルギーが大量導入された電力システムの周波数・電圧変動を再現するリアルタイムシミュレーションと連動しながら，複数台の電気自動車によるスマートインバータ制御の効果が検証されている（前節で紹介）。

　フェーズ 2 では，住宅，マンション，職場，ショッピングセンターなどサイト間の移動シーンを想定しての走行，スマート充電，V2H/V2B/V2G の最適化を試みる。集合住宅サイトと職場（大学キャンパス）を想定した実証コース例を図 6.13 に示す。計測データをオープンソース化してさまざまな AI アルゴリズムによる最適化を適用する試みも行う予定である。電気自動車への再生可能エネルギー由来のエネルギー供給とそのエネルギーによる走行，再生可能エ

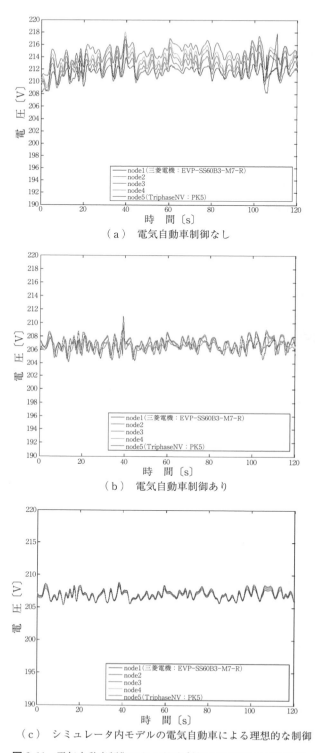

（a）　電気自動車制御なし

（b）　電気自動車制御あり

（c）　シミュレータ内モデルの電気自動車による理想的な制御

図 6.11　電気自動車制御による配電系統の電圧変動の抑制効果

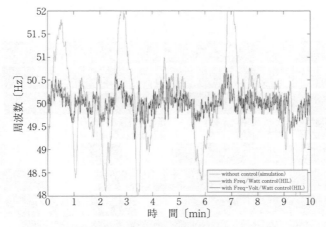

図 6.12　電気自動車制御による電力システムの
周波数変動の抑制効果

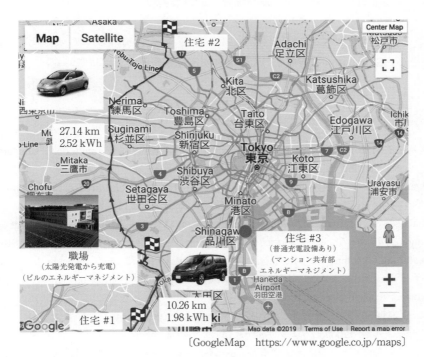

〔GoogleMap　https://www.google.co.jp/maps〕

図 6.13　集合住宅と職場（大学キャンパス）を想定した実証コース

ネルギーの導入拡大のための電力システムへの追加的な充放電の意義やインセンティブを明確
化する"サステナブルマイレージ"という価値指標を提案・採用し，サイト間の走行・充放電実績
から定量評価を行う計画である。2019 年 3 月からは，電気自動車の諸計測値と GPS 位置情報
を合わせて 3G ネットワーク経由で自動収集し，クラウドサーバで評価までを行う fleetcarma
社のシステム[13] を導入したところである。電気自動車車両からのデータ収集例を**図 6.14** に示

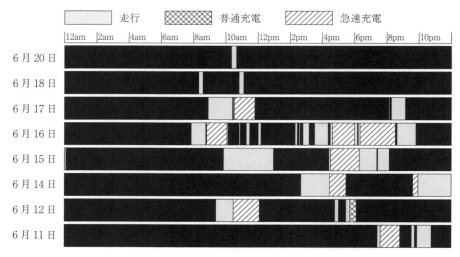

図 6.14　電気自動車実証車両の走行・充電・充放電のオープンソースデータ

す。フェーズ 3 では，日本での電気自動車 V2G 実証，また，海外の V2G 実証サイトいくつか
との連携や Co-Simulation を展開すべく，研究交流や情報収集を重ねている。

引用・参考文献

1 ）　経済産業省自動車新時代戦略会議のウェブサイト：https://www.meti.go.jp/shingikai/mono_
info_service/jidosha_shinjidai/

2 ）　Fitzgerald, M.：Electric Vehicles Sell Power Back to the Grid Delaware Test Fleet Makes Money
by Serving as an Electricity Reserve, Wall Street Journal（2014）

3 ）　Christensen, B., Trahand, M., Andersen, P. B., Olesen, O.J., and Thingvad, A.：Integration of New
Technology in the Ancillary Service Markets, The Parker Public Project Report（2018）

4 ）　Rezkalla, M., Zecchino, A., Martinenas, S., Prostejovsky, A. M., and Marinelli, M.：Comparison
between Synthetic Inertia and Fast Frequency Containment Control on Single Phase EVs in a
Microgrid, Applied Energy, pp.1-12（2017）

5 ）　electricityMap のウェブサイト：https://www.electricitymap.org

6 ）　CHAdeMO Association のウェブサイト：https://www.chademo.com

7 ）　環境共創イニシアチブのウェブサイト：平成 30 年度「需要家側エネルギーリソースを活用した
バーチャルパワープラント構築実証事業費補助金」（VPP）成果報告会，
https://sii.or.jp/vpp30/conference.html（2019）

8 ）　Ota, Y., Taniguchi, H., Nakajima, T., Liyanage, K. M., Baba, J., and Yokoyama, A.：Autonomous
Distributed V2G（Vehicle-to-Grid）Satisfying Scheduled Charging, IEEE Trans. Smart Grid, **3**, 1,
pp.559-564（2012）

9 ）　Ota, Y., Taniguchi, H., Baba, J., and Yokoyama, A.：Implementation of Autonomous Distributed
V2G to Electric Vehicle and DC Charging System, Electric Power Systems Research, **120**, pp.177-
183（2015）

10）　Toda, H., Ota, Y., Nakajima, T., Kawabe, K., and Yokoyama, A.：HIL Test of Power System Frequency Control by Electric Vehicles, Proc. the 1st E−Mobility Power System Integration Symposium, pp.1−5（2017）

11）　Kamo, S., Ota, Y., Nakajima, T., Kawabe, K., and Yokoyama, A.：HIL test on Smart Inverter Control of Photovoltaic Generations and Electric Vehicles, Proc. the 7th Solar Integration Workshop, pp.1−5（2017）

12）　東京電力ホールディングスのウェブサイト：持続可能な社会を実現する，電気自動車（EV）の新たな価値創造へ向けた取り組み，東京電力報（2017/09/17），
https://www.tepco.co.jp/toudenhou/hd/1450863_9039.html

13）　fleetcarma 社のウェブサイト：https://www.fleetcarma.com

7 EVシェアリングと スマートグリッド

本章では，電気自動車（EV）のシェアリングサービスとして国内外で普及拡大しつつあるEV シェアリングをとりあげ，太陽光発電（photovoltaics, PV）を導入した場合のシステム要件や問題設定，それらを踏まえたEVの運用計画の最適化手法について解説する。また，EVシェアリングをスマートグリッドの構成要素として捉え，EVシェアリングの普及に伴い懸念されるEV群の充電行動が電力システムに与える影響の評価手法と，車載蓄電池群の利活用によるEVシェアリングと配電ネットワークの連携管理システムについて概説する。

7.1　EVシェアリングの動向

カーシェアリングとは，複数の会員が共同で出資し購入した1台もしくは複数台の自動車を共同で所有し利用する自動車の利用形態を指し，個々の会員は共有する自動車をそれぞれ異なる時間に利用する。カーシェアリングの起源は1948年にスイスのチューリッヒで発足したSefageという協同組合であるとされており[1]，当時は自動車がとても高価であったため，自動車を個人で購入し所有できない人たちが，たがいに協力して自動車を共有利用するために設立された。

公共交通機関が充実している都市部においては，人の移動にかかるコストが小さく，自動車の購入や維持にかかるコストが相対的に高くなり，若者の自動車離れが指摘されている。そのような状況のなかで，比較的低コストで手軽に自動車を利用できるサービスとして，カーシェアリングが注目を集めつつある[†]。カーシェアリングサービスの会員数は年々増加傾向にあり[2]，今後もカーシェアリングサービスの提供地域が拡大していくことが想定されている。

カーシェアリングサービスで提供する車両は，おもにガソリン車であることが現状では多いものの，一部のサービスや実証試験においてはEVが導入されている。一般に，EVを導入したカーシェアリングはEVシェアリングと呼ばれる。豊田市のHa：mo RIDE[3]や東京都内7区で展開中のTimes CAR SHARE × Ha：mo[4]など，超小型EVと呼ばれる1〜2人乗りのEVを導入したEVシェアリングサービスの実証試験が実施されており，また，ドイツを中心に欧州でサービスを展開しているcar2go[5]をはじめ，いくつかの国や地域では実際のサービス

[†]　こうした動きは自動車だけに限らず，宿泊施設や家具・家電，衣料品など，所有型ではなく共有型のサービスが普及しつつあり，このような共有型の経済的枠組みはシェアリングエコノミーと呼ばれている。

として運営されている。

　カーシェアリングが普及することのメリットは，サービス提供地域内の公共交通機関を補完できることと，それに加えて，地域内で走行する総車両数の減少効果による排ガス由来のCO_2削減効果が期待できることである。さらに，EV シェアリングにおいては，EV の走行時における排ガス由来のCO_2排出量をゼロにでき，また，走行に必要な電気エネルギー，つまり車載蓄電池の充電に使用したエネルギーについても，化石燃料を用いた火力発電などによるエネルギーではなく，PV などの再生可能エネルギーによって賄うことで，発電に伴うCO_2排出量をも削減できる。

　しかしながら，再生可能エネルギーを考慮した充放電計画を行うためには，再生可能エネルギーの発電予測が必要であることに加えて，各 EV の蓄電残量値（state of charge, SOC）について，その時系列変化を含めて把握する必要がある。さらに，もちろんのことながら，各 SOCは各 EV の利用状況の影響を受けるため，各利用予約に対する EV の割当なども同時に考慮しなければならない。そこで，これを解決する一つの方法として，PV 設備を導入したワンウェイ型 EV シェアリングにおける運用計画の最適化手法[6]が挙げられる。本章の 7.3 節ではこの最適化手法を紹介し，各利用予約に対する EV の割当，PV 発電電力の発電予測を考慮した各EV の充電計画，ワンウェイ型サービスで必要となる EV の配車計画に関する同時最適化問題としての定式化と，その最適化として算出される最適運用計画について解説する。

　また，今後の EV の普及に相まって，シェアリングサービスなどの EV を多数導入したサービスの展開が拡大していくと，EV が連系される電力システムから見た場合，EV の車載蓄電池の充電行動に伴い需要の規模が増大していくことになる。そのため，多数の EV が導入されるシェアリングシステムが運用された場合に，多数の EV の充電行動が電力システムにどのような影響を与えるのかを評価する枠組みが必要となってくる。本章の 7.4 節では，EV シェアリングサービスを対象として，配電ネットワークの電圧分布評価モデルである非線形 ODE（ordinary differential equation：常微分方程式）モデルを用いた，EV 導入時の配電電圧分布の評価手法[7]について紹介する。

　さらに，2011 年に発生した東日本大震災を大きな契機に，電力システムにおける電源の分散化・多様化と再生可能エネルギーの大量導入が日本国内で進められてきた。再生可能エネルギーで注目を集める太陽光や風力などの分散型電源は出力が不確定であることから，これまでは他国に比べて高信頼の電力供給を実現してきた日本の電力システムにおいてもその影響評価と対策が必要とされてきた。この観点において，不確定な分散型電源が大量接続された電力システムにおいて，電力の需給バランスを調整しながら，電圧や周波数などの電力品質を維持するための分散協調型エネルギー管理システムの確立が必要とされてきた。

　そこで，前述した Vehicle to X の技術を導入することにより，EV シェアリングサービスで運用する EV の車載蓄電池群を，走行時だけでなく駐車時にも据置型蓄電池と同様に利活用することを考える。サービスの規模にもよるものの，EV シェアリングは多数の EV を運用する

サービスであり，また，利用者によって使用されている時間以外は EV ステーションに駐車されており，つねに充放電可能な状態である。そのため，EV シェアリングは電力システムの電圧変動や周波数変動の問題に対応可能な蓄電池を多く保有しているといえる。例えば，Virtual Power Plant（VPP）[8] としてこれらの車載蓄電池群を集約し仮想的な大規模蓄電池として運用できれば，車載蓄電池群が接続する電力システムの調整力としての容量も当然のことながら大きくなり，EV シェアリングサービスは本来の移動手段の提供に加えて，エネルギー供給手段に貢献することが可能となる。

　以上より，電力システムに対する付加的（アンシラリー）サービスを提供可能な EV シェアリングサービスを実現するためには，対象とする電力システムの需要を把握しつつ，電力システムに生じた電圧変動や周波数変動の抑制に貢献することも考慮に入れた，車載蓄電池群の充放電計画を立案するシステムが必要となる。本章の 7.5 節では，上述した EV シェアリングの最適運用計画の立案手法[6] を応用したモデルを用いて，EV シェアリングのサービスに支障を与えることなく，電力システムにも貢献する充放電計画を算出するシステムの基本的アイデアを紹介する。

7.2　EV シェアリングの利用形態

　まず，EV シェアリングの利用形態について簡単に触れる。EV シェアリングと同様のサービスとして「相乗り」や「レンタカー」がある。「相乗り」は一つの車両を複数の人が同時に使用するサービスであり，「レンタカー」は半日 〜 数日間の長期利用が主流である。これらに対し，カーシェアリングはその利用者が単独で比較的短時間，短距離の利用を想定しているサービスであるため，「相乗り」とも「レンタカー」とも異なるサービスとして差別化されている。また，航続距離の短さと車載蓄電池の充電時間の長さが EV のデメリットであるが，EV シェアリングでは上述のとおり，短距離，短時間の利用が想定されているサービスであるため，車両の航続距離が短くてもよく，EV の非利用時は充電ステーションに駐車しておりつねに充電可能状態であるため，充電時間が長くても問題にはならない。そのため，EV とシェアリングサービスは相性のよい組合せといえる。

　EV シェアリングサービスにはいくつかの利用形態があり，それぞれ EV の運用方法は異なる。EV の貸出場所と返却場所に着目すると，以下の二つの利用形態に分類される。

　① ラウンドトリップ型：EV の貸出場所と返却場所は同一の場所でなければならない。

　② ワンウェイトリップ型：EV の貸出場所と異なる場所に EV を返却してもよい。

　さらに，返却場所の指定に着目すると，以下の二つの利用形態が EV シェアリングサービスに存在する。

　① ステーション返却型：EV は貸出車両用に設置された専用ステーションに返却する。ラウンドトリップ型は必ずステーション返却型である。

② フリーフロート（乗捨て）返却型：サービス提供エリア内の路上（路肩）であればどこでも返却（乗捨て）ができる。

　日本では法律による制限があるため，フリーフロート型を採用することは難しく，ステーション型を採用する例がほとんどである。その一方，海外ではフリーフロート型を採用している例が少なくはなく，特にドイツにおいてはフリーフロート型のサービスを含めカーシェアリング事業が急速に普及拡大している。ドイツの連邦カーシェアリング協会の報告[9] によると，2019 年 1 月 1 日時点でのカーシェアリングの登録会員数は 246 万人（前年から 35 万人の増加）で，その内訳として 65 万人（前年から 11.5 万人の増加）がステーション型のサービス，181 万人（前年から 23.5 万人の増加）がフリーフロート型のサービスへの登録会員数となっている。また，車両台数については，サービス全体で 20 200 台（前年から 2 250 台の増加）が導入されており，そのうちの 11 200 台（前年から 1 150 台の増加）がステーション型，9 000 台（前年から 1 100 台の増加）がフリーフロート型のサービスで運用されている。

7.3　再生可能エネルギーを活用した EV シェアリング

　本節では，再生可能エネルギーを導入したワンウェイ型 EV シェアリングに対するシステム要件の整理と問題設定を行い，車両運用計画の同時最適化問題への定式化とシミュレーション例について述べる。

7.3.1　システム要件と問題設定
　まず，再生可能エネルギーを導入したワンウェイ型 EV シェアリングのシステムにおいて求められる要件を以下に述べる。また，それらの要件に基づいて構成された EV シェアリングのシステム例を**図 7.1** に示す。

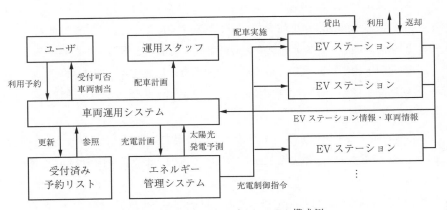

図 7.1　EV シェアリングのシステム構成例

【利用者側】

・利用者は事前に利用登録を行う。

・利用登録では，利用開始時刻，利用終了時刻，貸出ステーション，返却ステーションの情報をシステム側に送信する。

・利用者はシステム側から自身の利用登録に対する車両の割当情報を受け取る。

・利用者は利用開始時刻にシステム側から指定された場所で車両の貸出を受ける。

・利用者は貸出時間中に割り当てられた車両を利用する。

・利用者は利用終了時刻までにシステム側に指定された返却場所に車両を返却する。

【サービス提供側】

・利用者からの利用登録に対して，受付可能か否かの判定を行う。

・利用登録に対する受付可否の判定結果を利用者に通知する。

・可能な限り利用者の要求に応えられるような車両の運用計画を立案する。

・（ワンウェイトリップ型のサービスの場合）必要に応じてステーション間での車両の移動を計画し，実施する（本節ではこの行為を「配車」と呼称する）。

・サービスとして提供する各車両の車載蓄電池の充放電計画を立案する。

・PV 発電電力の予測の活用等により，PV 発電電力を可能な限り利用する（無駄にしない）。

・あらかじめ計画された車両の運用計画に基づき，シェアリングサービスを運営する。

つぎに，EV シェアリングサービスの要件を踏まえた問題設定を以下に列挙する。

Ⅰ．受付可否判定問題：利用者が申請する登録情報に対して，割当可能な車両は存在するか，また，利用終了時刻における返却ステーションの駐車スペースに空きがあるか，などを考慮し，利用予約の受付可否判定を行う。

Ⅱ．車両運用計画問題：車両運用計画問題は以下に挙げる三つの問題を含む。

　Ⅱ－①　車両割当問題：利用者の予約申請に対して，どの車両を割り当てるかを決定する問題。貸出時刻に貸出ステーションが存在しない場合は，他ステーションからの配車による車両割当が可能かどうかも判定する。

　Ⅱ－②　配車計画問題：各ステーションの駐車車両の偏在を解消するため，または，利用者の利用予約に対応するための車両の配車計画を決定する問題。

　Ⅱ－③　初期配車問題：サービス開始時における各ステーションへの車両の初期配置を決定する問題。

Ⅲ．充電計画問題：各車両の充電スケジュールを決定する問題。各ステーションの各時刻におけるPV 発電電力や，電力会社から購入する電力，また各車両のSOCを考慮して計画する。

　問題Ⅰの受付可否判定問題は単独で扱うことも可能だが，問題Ⅱ－③で扱う配車計画も同時に考慮することによって，予約を受理できなかった利用予約が，ステーション間の配車によって受付可能となる場合もあるため，より柔軟なサービスの運用が可能となる。また，車両の運

用計画を扱う問題Ⅱと充電計画を扱う問題Ⅲは同時に考慮しなければならない。各車両の
SOC は充電スケジュールだけでなく，各車両がどのように運用されるか，つまり，いつユーザ
に貸し出されて，どのくらい走行するか，いつステーション間での配車を実施するか，などに
よって変動するためである。これに加えて，車両の充電計画を立案するためには，どの車両の
車載蓄電池がどの程度充電可能であるのかを把握する必要性から，すべての車両を区別して運
用しなければならない。従来のガソリン車であれば，EV のように走行エネルギーへの配慮を
する必要がそれほどなかったため，ステーションごとに駐車台数ベースで車両を管理すること
で十分であった。個々の車両を区別して管理運用する必要性が，EV シェアリングにおける最
適化問題の複雑度をあげる要因となっている。次項では，これらの問題を同時に扱うための最
適化問題を定義し，その定式化について述べる。なお，問題Ⅰについては，次項で述べる数理
最適化の枠組みでの計算過程において，実行可能解が存在する場合は受理，実行可能解が存在
しない場合は不受理とすればよく[†]，問題Ⅱ−③の車両の初期配置については，現在の観測状
態と利用予約情報に基づき，つぎのサービス開始時までの配車計画を同時最適化問題と同様の
枠組みで計算すれば求めることができる。

7.3.2 車両運用計画の最適化

まず，同時最適化問題で使用する変数について**表 7.1** に定義する。ここで，$\cdot(\tau|t)$ はある時
刻 t で算出される未来時刻 τ の計画値を意味し，$\hat{\cdot}(\tau|t)$ は時刻 t の時点で算出される未来時刻
τ の予測値を意味する。また，ここでは 2 値の状態の集合を $\mathbb{B} = \{0,1\}$ とおく。車両割当問題
（問題Ⅰ），車両運用計画問題（問題Ⅱ），車両充放電計画問題（問題Ⅲ）の同時計画問題は，以
下のような同時最適化問題として記述できる。

EV シェアリングにおける同時最適化問題

入力情報

　予約情報 r_k，初期車両配置 $x_{i,j}(t)$，ほか

決定変数

　予約への車両割当 $a_{j,k}$，充放電計画 $p_{i,j}(\tau|t)$，車両位置 $x_{i,j}(\tau|t)$

目的関数

　運用コスト E の最小化

制約条件

　各 EV ステーションの駐車可能台数，各 EV の蓄電残量（SOC）の動特性，ほか

この問題は，ステーション，車両，予約，時刻の四つの要素に関する多次元割当問題（mul-
tidimensional assignment problem，MAP）となる。MAP は一般的に三次元以上であれば NP

[†] もちろん，実行可能解が存在していたとしても評価関数値を考慮して予約の受付可否判定をしてもよい。

表 7.1　同時最適化問題における変数の定義

変　数	変数の意味
r_k	k 番目の予約情報
$R(t)$	時刻 t における予約の集合
t_k^{D}	予約 k の車両の利用開始時刻
t_k^{A}	予約 k の車両の利用終了時刻
s_k^{D}	予約 k の車両の貸出ステーション
s_k^{A}	予約 k の車両の返却ステーション
b_k^{c}	予約 k の利用における平均消費電力量
$a_{j,k} \in \mathbb{B} = \{0, 1\}$	予約 k に対する車両 j の割当情報
$x_{i,j}(\tau\|t) \in \mathbb{B} = \{0, 1\}$	時刻 τ における車両 j の位置情報
$n_i^{\max}(\tau\|t)$	ステーション i の最大駐車台数
$n_i^{\min}(\tau\|t)$	ステーション i の最小駐車台数
$b_j(\tau\|t)$	時刻 τ の車両 j の蓄電残量〔kWh〕
$b_j^{\max}(\tau\|t)$	時刻 τ の車両 j の最大蓄電容量〔kWh〕
$b_j^{\min}(\tau\|t)$	時刻 τ の車両 j の最小蓄電残量〔kWh〕
$p_{i,j}(\tau\|t)$	時刻 τ のステーション i における車両 j への充電電力〔kWh〕
$p_j^{\max}$	車両 j の最大充電電力〔kW〕
$\hat{g}_i(\tau\|t)$	時刻 τ の太陽光発電電力の予測値〔kW〕
$f_d(i_1, i_2, \tau)$	時刻 τ におけるステーション i_1, i_2 間の配車コスト
$f_w(\tau)$	時刻 τ における太陽光発電の抑制による損失コスト
$f_\ell(\tau)$	時刻 τ の電力価格〔円/kWh〕
$\ell_i(\tau\|t)$	時刻 τ におけるステーション i の買電力〔kW〕
$w_i(\tau\|t)$	時刻 τ におけるステーション i で利用しきれなかった発電電力〔kW〕

困難と呼ばれるクラスに属する問題であるとされており，EV シェアリングにおける同時最適化問題も，予約と車両の割当関係を表す変数 $a_{j,k}$ が二次元であるものの，その他の充放電計画を求める変数 $p_{i,j}(\tau|t)$ と各車両の運用計画に対応する位置情報を表す変数 $x_{i,j}(\tau|t)$ は三次元であり，つまり，NP 困難なクラスに属する問題とみなされる。

　本項では，この同時最適化問題を数理計画の枠組みを用いて，0-1 混合整数線形計画問題（0-1 mixed integer linear programming, 0-1 MILP）として定式化する。以下，入力情報，決定変数，目的関数，制約条件について，順に説明する。

〔1〕　入　力　情　報

$\{r_k\}_{k \in \{1, \cdots, R(t)\}}$

$\{x_{i,j}(t)\}_{i \in \{1, \cdots, S+1\}, \ j \in \{1, \cdots, V\}}$

$\{b_j(t)\}_{j \in \{1, \cdots, V\}}$

$\{b_j^{\mathrm{c}}\}_{j \in \{1, \cdots, V\}}$

$\{\hat{g}_i(\tau|t)\}_{i \in \{1, \cdots, S\}, \tau \in \{t+1, \cdots, T\}}$

$\{f_d(i_1, i_2, \tau)\}_{i_1, i_2 \in \{1, \cdots, S\}, \tau \in \{t+1, \cdots, T\}}$

$\{f_w(\tau)\}_{\tau \in \{t+1, \cdots, T\}}$

$\{f_\ell(\tau)\}_{\tau \in \{t+1, \cdots, T\}}$

$\{n_i^{\min}(\tau), \ n_i^{\max}(\tau)\}_{i \in \{1, \cdots, S\}, \tau \in \{t+1, \cdots, T\}}$

$\{p_j^{\max}\}_{j \in \{1, \cdots, V\}}$

$\{b_j^{\min}(\tau), \quad b_j^{\max}(\tau)\}_{j \in \{1, \cdots, V\}, \tau \in \{t+1, \cdots, T\}}$

入力情報は，予約情報 r_k，各予約 k の走行における平均消費電力量 b_k^c，サービス開始時の車両初期配置 $x_{i,j}(t)$，サービス開始時の蓄電残量 $b_j(t)$，太陽光発電予測値 $\hat{g}_i(\tau|t)$，ステーション間の配車コスト $f_d(i_1, i_2, \tau)$，PV で発電した電力の損失コスト $f_w(\tau)$，電力価格 $f_\ell(\tau)$，最小駐車台数 $n_i^{\min}(\tau)$ と最大駐車台数 $n_i^{\max}(\tau)$，最大充電電力 $p^{\max}$，最小蓄電残量 $b^{\min}(\tau)$ と最大蓄電容量 $b_j^{\max}(\tau)$ であり，これらの情報は最適化計算の前にあらかじめ与えられるものとする。ここで，S は総ステーション数，V は EV の総台数，T は計画立案の対象となる離散化時刻の総ステップ数を表す。また，ステーション番号 $S+1$ は EV が走行中の状態であることを示している。

〔2〕 決 定 変 数

$\{a_{j,k}(t)\}_{j \in \{1, \cdots, V\}, k \in \{1, \cdots, R(t)\}}$

$\{p_{i,j}(\tau|t)\}_{i \in \{1, \cdots, S\}, j \in \{1, \cdots, V\}, \tau \in \{t+1, \cdots, T\}}$

$\{x_{i,j}(\tau|t)\}_{i \in \{1, \cdots, S+1\}, j \in \{1, \cdots, V\}, \tau \in \{t+1, \cdots, T\}}$

決定変数は，各予約に対する車両の割当情報 $a_{j,k}(t)$，各 EV の車載蓄電池の充電計画 $p_{i,j}(\tau|t)$，未来の各時刻における各車両の位置情報 $x_{i,j}(\tau|t)$ である。

〔3〕 目 的 関 数

$$\min E = \min \left\{ \sum_{\tau=t+1}^{T-1} \sum_{i_1=1}^{S} \sum_{i_2=1}^{S} f_d(i_1, i_2, \tau) d_{i_1,i_2}(\tau) \right.$$
$$\left. + \sum_{\tau=t+1}^{T} \left(f_w(\tau) \sum_{i=1}^{S} w_i(\tau) \Delta t \right) + \sum_{\tau=t+1}^{T} \left(f_\ell(\tau) \sum_{i=1}^{S} \ell_i(\tau) \Delta t \right) \right\} \tag{7.1}$$

$$d_{i_1,i_2}(\tau) = \sum_{j=1}^{V} x_{i_1,j}(\tau) x_{i_2,j}(\tau+1) \tag{7.2}$$

目的関数は式 (7.1) に示す評価関数 E の最小化であり，E は最適化対象となるサービス運用期間内における運用コストを表している。ここで，Δt は離散化時刻の 1 ステップ分の時間幅を表し，本節では $\Delta t = 0.5$〔時間〕としている。右辺の第 1 項は配車にかかる総コスト，第 2 項は車載蓄電池で吸収できずに無駄になってしまう PV 発電電力の抑制量に関する損失コスト†，第 3 項は電力システムからの買電力に支払う料金を意味している。$d_{i_1,i_2}(\tau)$ は，時刻 τ にステーション i_1 と i_2 の間で発生する配車回数（台数）を表し，式 (7.2) で表現される。また，式 (7.2) は決定変数どうしの積をとる形式であるが，これらはたがいに 2 値変数であるため，

---

† 本節では，EV ステーションの PV 設備で発電した余剰電力は電力システムに戻せない（システムを運用する電力会社ないし送電システム運用者に売却できない）という条件設定をしているため，その余剰電力は出力抑制されたものとして扱っている。

2 値の補助変数を用いた置換による一次形式への変換が可能である[10]。

〔**4**〕 **制 約 条 件**

$$\forall k \in \{1, \cdots, R(t)\},$$

$$\sum_{j=1}^{V} a_{j,k}(t) = 1 \tag{7.3}$$

$$\forall i \in \{1, \cdots, S\}, \forall \tau \in \{t+1, \cdots, T\},$$

$$n_i^{\min}(\tau) \leq \sum_{j=1}^{V} x_{i,j}(\tau|t) \leq n_i^{\max}(\tau) \tag{7.4}$$

$$\ell_i(\tau|t) + g_i(\tau|t) - w_i(\tau|t) - \sum_{j=1}^{V} p_{i,j}(\tau|t) = 0 \tag{7.5}$$

$$0 \leq w_i(\tau|t) \leq g_i(\tau|t) \tag{7.6}$$

$$0 \leq \ell_i(\tau|t) \leq \sum_{j=1}^{V} p_{i,j}(\tau|t) \tag{7.7}$$

$$\forall j \in \{1, \cdots, V\}, \forall \tau \in \{t+1, \cdots, T\},$$

$$\sum_{i=1}^{S+1} x_{i,j}(\tau|t) = 1 \tag{7.8}$$

$$b_j^{\min}(\tau|t) \leq b_j(\tau|t) \leq b_j^{\max}(\tau|t) \tag{7.9}$$

$$b_j(\tau|t) - b_j(\tau-1|t) = \sum_{i=1}^{S} p_{i,j}(\tau|t)\Delta t - b_j^c x_{S+1,j}(\tau|t) \tag{7.10}$$

$$\forall i \in \{1, \cdots, S\}, \forall j \in \{1, \cdots, V\}, \forall \tau \in \{t+1, \cdots T\},$$

$$0 \leq p_{i,j}(\tau|t) \leq p_j^{\max} x_{i,j}(\tau|t) \tag{7.11}$$

$$\forall i \in \{1, \cdots, S\}, \forall j \in \{1, \cdots, V\}, \forall k \in \{1, \cdots, R(t)\},$$

$$x_{s_k^D,j}(t_k^D|t) \geq a_{j,k}(t) \tag{7.12}$$

$$x_{s_k^A,j}(t_k^A|t) \geq a_{j,k}(t) \tag{7.13}$$

$$\forall j \in \{1, \cdots, V\}, \forall k \in \{1, \cdots, R(t)\}, \forall \tau' \in \{t_k^D+1, \cdots, t_k^A-1\},$$

$$x_{S+1,j}(\tau'|t) \geq a_{j,k}(t) \tag{7.14}$$

式 (7.3) は，ある予約 k に対して割り当てられる車両は 1 台だけであることを表す制約である。$a_{j,k}(t)$ と $x_{i,j}(\tau|t)$ は 0，または 1 を表す論理変数であるため，和が 1 に等しいということは，いずれか一つの値だけが 1 をとり，それ以外が 0 となる。

式 (7.4) 〜 (7.7) はステーションに関する制約である。式 (7.4) は，時刻 τ における各ステーション i の駐車可能台数の範囲を表す。式 (7.5) は，各ステーションにおける電力の需給バランスを表す式である。式 (7.6) は，各ステーションの PV 発電電力のうち，蓄電池で吸収しきれずに無駄になる電力 $w_i(\tau|t)$ のとり得る範囲を示す。式 (7.7) は，各ステーションにおける電力システムからの買電力 $\ell_i(\tau|t)$ のとり得る範囲を示す。$w_i(\tau|t)$ と $\ell_i(\tau|t)$ は評価関数

（7.1）の最小化のもとで，式（7.5）のスラック変数として機能する。

式（7.8）〜（7.10）は，車両に関する制約である。式（7.8）は，ある車両 j は各時刻 τ において唯一の場所に存在することを表す制約である。式（7.9）は，車載蓄電池の SOC のとり得る範囲を表している。式（7.10）は，車載蓄電池の SOC の時間変化に関する制約式である。式（7.11）は，車両 j がステーション i において充電する電力 $p_{i,j}(\tau|t)$ のとり得る範囲を示している。車両が停車していないステーションに対しては $p_{i,j}(\tau|t)$ の値はすべて 0 となり，車両が停車しているステーションにおいては，0 以上，$p_j^{\max}$ 以下の値をとる。

式（7.12）〜（7.14）は，予約 k と予約 k に割り当てられる車両 j の位置情報 $x_{i,j}(\tau'|t)$ との対応関係を表現する制約式である。予約 k に車両 j が割り当てられた場合，その利用開始時刻 t_k^{D} には貸出ステーション s_k^{D} に車両 j が駐車している必要がある。つまり，$x_{s_k^{\mathrm{D}},j}(t_k^{\mathrm{D}}|t)=1$ を満たさなければならない。一方，予約 k に車両 j が割り当てられていない場合は，$x_{s_k^{\mathrm{D}},j}(t_k^{\mathrm{D}}|t)$ のとる値は 0 でも 1 でもよい。これは式（7.13）で表される利用終了時刻 t_k^{A} と返却ステーション s_k^{A} における条件，また，式（7.14）で表される走行中についての条件においても同様である。

7.3.3 計算量の削減と最適化の例

前述したように，ここで扱う同時最適化問題は多次元割当問題（MAP）に属する。一般的に，MAP の計算複雑性は三次元以上の場合において NP 困難であるため，実時間のシステム上で扱うためには，計算時間の削減などの工夫が必要となる。この同時最適化問題の実行可能解の複雑性について少し議論すると，予約に対する車両割当の組合せ総数は $O(V^R)$ となり，予約件数 R の増加に対して指数関数のオーダーとなる。また，予約に関わらず，各時刻に各車両がどこに存在するか，つまり，配車を含めた車両の運用に関していえば，その組合せ状態数のオーダーは車 1 台当りで $O(S^T)$ となる。全車両の組合せではさらに V 乗のオーダーの規模となる。このように，実社会の問題の定式化において，その解の組合せ的性質によって非常に大きな計算量を必要とする計算複雑性が現れることは珍しくない。

EV ステーション数が 13 か所，EV の台数が 10 台の EV シェアリングサービスを対象とした場合の検証例では，利用登録の件数が 7 件目に到達したときには，その最適化計算にかかる時間は 1 日を超過するほどである[†]。したがって，実時間での運用に耐え得る計算時間に抑えるためには，この同時最適化問題の計算量を大幅に削減する必要がある。さらに加えていえば，利用者からの利用登録時に，その利用登録が受付可能か否かの判定は，サービスの利便性を考慮すると可能な限り早いことが望まれる。

計算量を削減する際には，事前知識やヒューリスティクスと呼ばれる経験論に基づく発見的知識などの知見を用いられることが多い。以下，システムの要件を考慮した，計算量の削減方

[†] 使用した計算環境は文献 6）に記載のとおり汎用 PC の単体利用であるが，問題の計算複雑性の観点から，仮に並列計算環境を用いたとしても問題の規模の増加には対応しきれないことが推察される。

法を二つ紹介する。

〔1〕　近似 A：決定変数の削減

　計算量を削減するためには，車両割当の組合せ数に関する緩和がまず考えられる。そこで，利用予約に対する車両割当てを決定する変数 $a_{j,k}(t)$ に関する複雑性のオーダーが $O(V^R)$ であることに着目すると，実際の運用を考慮した場合には，この車両割当は新たに申請された利用予約に対してのみ算出すればよいことから，車両割当に関する決定変数

$$\{a_{j,k}(t)\}_{j\in\{1,\cdots,V\},k\in\{1,\cdots,R(t)\}}$$

は以下のように限定できる。

$$\{a_{j,R(t)}(t)\}_{j\in\{1,\cdots,V\}} \tag{7.15}$$

　つまり，車両の運用計画は新しい利用予約が発生するたびに，その予約に対する車両割当を決定し，車両の運用計画を逐次的に更新していけばよい。

〔2〕　近似 B：配車時刻の限定

　計算時間削減のためのもう一つのアプローチとして，配車可能時間の限定が挙げられる。配車可能時間を限定するためには以下の制約式を追加すればよい。

$$\sum_{j=1}^{V} x_{S+1,j}(\tau|t) - \sum_{k=1}^{R(t)} y_{S+1,k}(\tau|t) = 0, \quad \forall \tau \in T^A \tag{7.16}$$

この制約式は各時刻における車両の移動可能台数を表している。つまり，各時刻において移動している車の総数は，各時刻におけるユーザの利用件数と等しければよい。この配車可能時間の限定により，車両の運用計画における配車可能性の組合せ数を大幅に削減することができるため，計算時間の大幅な削減を達成できる。

〔3〕　シミュレーション例

　これまでに説明してきた EV シェアリングにおける同時最適化問題について，文献 6) では，ユーザの予約件数が 1 日 100 件としたときの，EV ステーション 13 か所，EV10 台の場合と，EV ステーションが 35 か所，EV30 台の場合についてシミュレーション実験による評価を行っている。この実験では，ユーザの利用予約は EV シェアリングの実証試験で得られた実データに基づいて仮想的に生成したものを利用し，ある一つの EV ステーションのみに 1 kW の発電容量をもつ比較的小規模な PV 発電設備が設置されていると仮定している。また，発電電力のプロファイルは，NEDO の日射量データベース閲覧システムの年間時別日射量データベース PETPV-11[11] を参考に，日射量の多照年かつ晴天日のデータを用いて作成した。また，その 1 日の発電量の総和を推定したところ 1 kW 当りの発電容量に対し 5.64 kWh であった。EV30 台，EV ステーション数 35 か所とした場合の実験結果によると，配車を実施しない場合の予約受付可能件数が 44 件だったのに対し，配車可能な時間を 9：00 〜 12：30，16：00 〜 18：00 の計 5 時間 30 分とした場合では 95 件，全サービス時間で配車可能にした場合では全 100 件の予約を受付可能な運用計画が立案できており，配車可能な時間が多くなるにつれて予約の受付可

能な件数も増加することが確認されている。PV 発電電力についても，配車を実施しない場合では 2.77 kWh の発電量を活用できたが，配車可能時間が前述と同様の計 5 時間 30 分の場合には 3.19 kWh，全サービス時間で配車可能とした場合には 4.33 kWh の発電量を活用できており，配車可能時間が多くなるほど，PV の発電電力を有効に活用できる運用計画が立案できている。

7.4　配電ネットワークの電圧変動への EV シェアリングの影響評価

次世代モビリティとしての EV が多数導入された場合，多数の EV による充電行動は，電力システムにとっては無視できない電力負荷となることが想定される。そこで，シェアリングサービスなどの普及に伴い多数の EV が導入された場合において，その充電行動がどのように電力システムに影響を与えるのかについて，評価検討を行う枠組みが必要となってくる。

本節では，EV シェアリングデータとして与えられた充電電力の時系列データを配電ネットワークの電圧分布評価モデルである非線形 ODE（ordinary differential equation：常微分方程式）モデルに組み込むことにより，EV 大量導入時の配電電圧分布の評価を行った例を紹介する。以下の記述の詳細は文献 7）を参考にされたい。

まずはじめに，配電ネットワークの非線形 ODE モデルを紹介する。従来の電力潮流方程式による配電電圧分布の離散的な評価と異なり，非線形 ODE モデルは位置に関して連続的に配電電圧を評価可能な数式モデルであり，物理系として本来の空間連続な配電電圧分布を評価可能である。さらに，非線形 ODE モデルの従属変数として，電圧の位置に関する微分（電圧振幅勾配）が定義され，フィーダに流入する有効電力および無効電力が配電電圧分布に与える影響を定量的に評価可能である。

図 7.2 のように，配電用変電所（バンク）より分岐のないフィーダを介して負荷へ電力を送り出している場合を考える。簡単のため，フィーダ上に変圧器などの電圧制御機器が存在しないと仮定すると，フィーダ上の位置に対して配電電圧は連続的に変化するとみなせる。フィーダに沿った位置変数を $x \in \mathbb{R}^1$ とし，バンクにおいて $x = 0$ とする。フィーダ上の電圧フェーザの振幅および位相を v および θ とし，補助変数を s，電圧振幅 v の位置変数 x による微分として定義される電圧振幅勾配を w とする。このとき，以上の諸量は次式の非線形 ODE により関連付けられる。

バンク

フィーダ線

$x = 0$　　　　　　　　　　　　　　　　　　　　　　　　　$x = L$

図 7.2　分岐のない直線上の配電フィーダの単線図。始端は配電用変電所（バンク）に接続され，終端は無負荷であることを仮定する。

$$\left.\begin{aligned}
\frac{d\theta}{dx} &= -\frac{s}{v^2} \\[4pt]
\frac{ds}{dx} &= \frac{b(x)p(x) - g(x)q(x)}{g(x)^2 + b(x)^2} \\[4pt]
\frac{dv}{dx} &= w \\[4pt]
\frac{dw}{dx} &= \frac{s^2}{v^3} - \frac{g(x)p(x) + b(x)q(x)}{\{g(x)^2 + b(x)^2\}v}
\end{aligned}\right\}
\qquad (7.17)$$

ここで，$p(x)$ および $q(x)$ は位置 x でフィーダに流出する有効電力および無効電力を表し，以下で電力需給密度関数と呼ぶ（正値はフィーダに（正の）電力が流出する場合とする）。パラメータ $g(x)$ および $b(x)$ は，フィーダのコンダクタンスおよびサセプタンスであり，Ω/m の逆数の単位を有する。以上の非線形 ODE により，電力需給密度関数，フィーダのインピーダンス特性，および境界条件が与えられると，従属変数 θ，v，s，および w が決定される。

続いて，本節で用いるフィーダモデルを紹介する。ここでは，二次元平面を移動する EV 群の配電電圧への空間的影響を評価するために，**図 7.3** の分岐点を一つ有するフィーダモデルを検証の対象とする。図には充電ステーションの設置を含めて示している。このフィーダは，計 16 か所の充電ステーションが 1 km の等間隔で設置されている。分岐点は，バンクから延びる全長 11 km のフィーダの 4 km 地点（第 4 ステーションと第 5 ステーションの中間地点）に存在し，分岐点より全長 5 km の別フィーダが接続されている。影響評価の簡易化のため，二つのフィーダ終端には充電ステーションは設置されていないとする。また，EV の充電の影響評価に注目するために，負荷および PV などの発電機は設置しないものとする（これらの点は文献 12) においてより詳細なモデルで考慮されている）。日本の高圧系統の設定をふまえて，バンクの送り出し電圧は 6.6 kV，バンクの定格容量は 12 MVA とし，フィーダの抵抗およびリアクタンスはおのおの 0.227 Ω/km および 0.401 Ω/km とする。

ここで，使用する EV シェアリングデータを紹介する。この EV シェアリングデータは，日本国内の EV シェアリングサービスの実証実験より得られた EV の運行データである。本節で

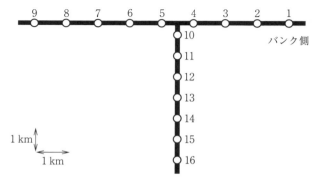

図 7.3　影響評価に用いるフィーダモデルの単線図。16 か所の充電ステーションが 1 km ごとに接続されていると仮定する。

は，ある 1 日の実際の運行データより，16 か所それぞれの充電ステーションに存在する 1 時間ごとの EV の台数を算出した。作成した充電ステーションに存在する EV 台数の時系列パターンを**図 7.4** に示す。このパターンでは複数台の EV が停車および発車を行う。影響評価では，充電ステーションに存在している EV はすべて充電しているものとし，文献 6) を参考に，EV1 台当りの充電電力は 4 kW とした。EV 大量導入時の配電電圧分布を評価するため，充電している EV の台数を 10 倍した。EV の充電は力率 100 ％ で行われているものとし，電力需給密度関数について $q(x) = 0$ とした。

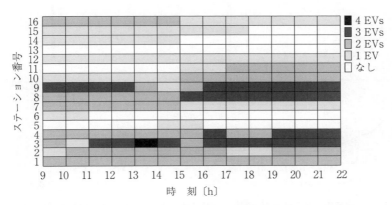

図 7.4 16 か所の充電ステーションにおける EV 台数の時間変化[7]

　図 7.5 に，9 時および 18 時の時点の電圧振幅および電圧振幅勾配の非線形 ODE モデルによる数値シミュレーションの結果を示す。図 7.4 より，9 時の時点では EV がすべての充電ステーションにおおよそ均等に分布している。そのため，図 7.5 の a1, c1 より，電圧振幅は 2 か所のフィーダ終端へ向けて同様の降下が確認できる。また，図 7.5 の a2, c2 より，分岐点からフィーダ終端までの二つのフィーダの電圧振幅勾配は同様の結果となっている。続いて，18 時の時点では図 7.4 より，EV の充電台数に偏りがあることが確認できる。9 時の時点と比較すると，第 14 ステーションから第 16 ステーションにかけて EV の台数が減少している。結果として，図 7.5 の b1, c1 より，18 時の第 10 ステーションから第 16 ステーションの電圧振幅は，9 時と比較し基準値からの逸脱が小さくなっていることが確認できる。この電圧振幅の結果の変化は電圧振幅勾配からも確認することができる。図 7.5 の b2, c2 より，18 時の第 10 ステーションから第 16 ステーションの電圧振幅勾配は基準値ゼロに近くなっている。

　つぎに，ある 2 か所の充電ステーションでの充電台数の変化が，配電電圧分布に対しどのような影響を与えるのかについて考察する。**図 7.6** は，9 時と 10 時の時点での充電電力が 2 か所だけ変化した場合のシミュレーション結果である。図の上段の電力需給密度関数は，正値が放電，負値が充電（消費）を表す。図 7.4 より，9 時と 10 時の時点では，総充電台数に変化はないものの，第 2 ステーションの充電台数が 1 台増加し，第 3 ステーションの充電台数が 1 台減少している。そのため，図 7.6 の電力需給密度関数は，第 2 ステーションおよび第 3 ステー

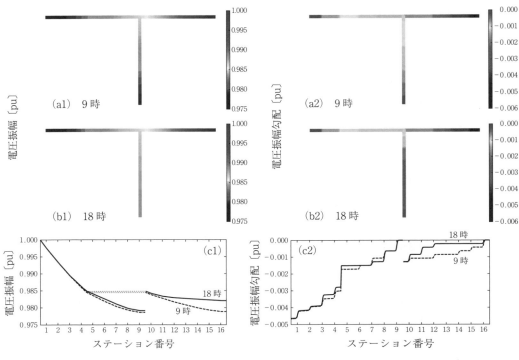

図7.5　EV 充電による配電電圧振幅・電圧振幅勾配の時空間変化（9時および18時）[7]

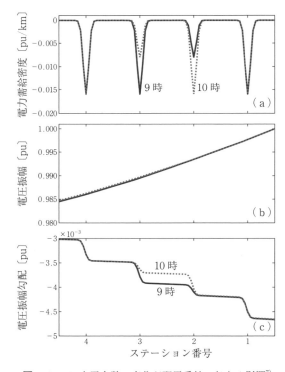

図7.6　EV 充電台数の変化が配電系統へ与える影響[7]

ションで増減している。結果として，10 時の時点の電圧振幅は，9 時の時点と比較して，少し上昇していることが確認できる。電圧振幅勾配は，第 2 ステーションと第 3 ステーションの間のみ変化しており，10 時の時点では 9 時の時点と比較して，基準値ゼロに近づいていることが確認できる。この電圧振幅勾配の結果より，総充電電力の変化はない状況においても，充電を実行する位置により，配電電圧へ与える影響が異なり，この点が非線形 ODE モデルにより評価できることが理解される。特に，フィーダ終端側での充電により，電圧振幅勾配の逸脱量が大きくなるとともに，配電電圧へのさらなる降下が発生することがわかる。以上で検討した電圧振幅勾配は非線形 ODE モデル特有の物理量である。このように，EV の充放電が配電電圧へ与える大域的・局所的影響の定量的評価が非線形 ODE 特有の電圧振幅勾配により可能となる。

7.5　EV シェアリングと配電ネットワークの連携管理システム

EV シェアリングのサービス内で管理・運用される多数の EV と，それらに搭載される車載蓄電池群に着目すると，シェアリングサービスでユーザに貸し出されていない，もしくは配車中ではない EV は駐車中であるため，これらのサービスで使用されていない時間帯の車載蓄電池群を Vehicle to X の技術を用いてアグリゲーションし利活用できれば，Virtual Power Plant（VPP）としての運用が可能である。仮に，サービス内の車載蓄電池群を VPP として利活用し，システム外への付加的サービスが提供可能であるならば，例えば，配電システム運用者（distribution system operator，DSO）との連携システムを構築することによって，配電システムの安定運用のための調整力として車載蓄電池群を運用することができる。つまり，EV シェアリングでは，電力システムに大きな負荷を与える存在としてではなく，スマートグリッドを構成する重要な役割を担う機能を提供できる。以上のように，電力システムと密接な関係をもつ EV シェアリングのような電動車両を用いた次世代モビリティサービスは，次世代電力網であるスマートグリッドと連携した枠組みのうえで運用されていくことになる。

EV シェアリングと DSO とが連携するシステムの例[13] を **図 7.7** に示す。まず，EV シェアリングのシステムでは，提供するサービスの利益を最大化するように，サービス利用者への EV の割当やステーション間の EV の配車，また，各 EV ステーションでの充放電スケジュール等について運用計画を立てる。つぎに，算出した運用計画の内容に基づき，EV シェアリングのシステムは DSO に各ステーションにおける充放電スケジュールなどの運用情報について情報提供を行う。その後，DSO では，EV シェアリングから提供された情報を踏まえ，運用対象である配電ネットワークに接続される各種負荷の予測情報や運用コスト，配電損失などを考慮し，配電電圧の適正範囲などの制約を満たしながら電圧制御装置の制御指令値を算出する。またそれと同時に，調整力として EV シェアリングの車載蓄電池群に対する充放電指令値を決定する。EV シェアリングでは，DSO から車載蓄電池群に対する充放電指令値の情報を受け取

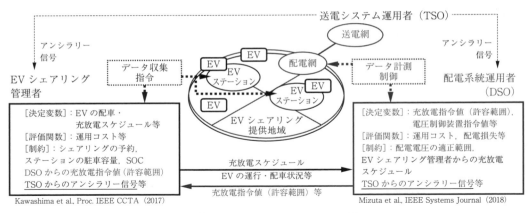

図 7.7　EV シェアリング[6)]と配電システム運用者（DSO）[12)]との連携システム例

り，サービスの利益をできる限り損なわないような範囲で，DSO から要求された充放電指令値に応えられるように，各 EV の充放電スケジュールを再計算し，これを運用する。このように，EV シェアリングと DSO とがたがいに連携することにより，DSO に調整力を提供する VPP として，EV シェアリングの車載蓄電池群を利活用する枠組みが構築できる。

　ここでは，連携システムの構築に向けて，EV シェアリングが DSO からの充放電指令値にできる限り応えるような充放電計画を算出するための定式化を行った，EV シェアリングと配電電圧サポートの統合的運用計画[14)]を例に挙げて説明する。まず，充電電力に関わる制約式（7.11）を放電も考慮して以下のように変更する。

$$p_j^{\min} x_{i,j}(\tau|t) \leqq p_{i,j}(\tau|t) \leqq p_j^{\max} x_{i,j}(\tau|t) \tag{7.18}$$

ここで，$p_j^{\min} x_{i,j}(\tau|t)$ は最大放電電力であり，正の値を充電，負の値を放電として扱う。つぎに，DSO から EV シェアリングに送られてくる充放電要求値は各ステーションに対して $p_i^r(\tau|t)$ として与えられるものとする。このとき，目的関数を以下のように変更する。

$$
\begin{aligned}
E = & \sum_{\tau=t+1}^{t+T} f_m(\tau) \left(\sum_{j=1}^{V} x_{S+1,j}(\tau|t) - \sum_{k=1}^{R(t)} y_{S+1,k}(\tau|t) \right) \\
& + \sum_{\tau=t+1}^{t+T} \left(f_\ell(\tau) \sum_{i=1}^{S} \ell_i(\tau|t) \Delta t \right) \\
& + \sum_{\tau=t+1}^{t+T} \left(f_d(\tau) \sum_{i=1}^{S} \left| \sum_{j=1}^{V} p_{i,j}(\tau|t) - p_i^r(\tau|t) \right| \Delta t \right)
\end{aligned}
\tag{7.19}
$$

　右辺第 1 項は配車にかかる総コストである。$x_{S+1,j}(\tau)$ の総和は EV の総移動時間を，$y_{S+1,k}(\tau)$ の総和はユーザによる EV の総移動時間を表しており，この二つの差をとると配車の総時間に相当する。第 2 項は系統から買電力量に支払う料金を表している。第 3 項は，各時刻，各ステーションにおける充放電電力と DSO からの要求値との差に関する絶対値の総和を表している。この第 3 項は，DSO の要求に応えられなかった分の充放電電力に対するペナル

ティを表し，$f_d(\tau)$ はそのペナルティの度合いを表す係数となっている。評価関数を上記のように変更することによって，システム全体としての運用コスト最小化のために，配車回数，購入電力をできる限り小さく抑え，そのうえで，各 EV の車載蓄電池の充放電計画を DSO からの要求値に可能な限り近づけるような運用計画を算出することが可能となる。

　一方，EV シェアリングから提供される各時刻における各ステーションでの充放電可能な EV の台数などの運行情報に基づいて，DSO では各 EV ステーションに対して配電電圧の変動を抑制するような充放電要求値を算出する。この充放電要求値の算出方法については文献 12) を参照されたい。算出された充放電要求値に基づいて，EV シェアリングでは再度立案した充放電計画に基づいて EV の車載蓄電池の充放電制御を行う。

　以上のように，EV シェアリングと DSO とのシステム連携の枠組みを構築することによって，DSO は EV シェアリングで駐車中 EV の車載蓄電池群を調整力として運用でき，EV シェアリングはサービスの提供に支障をきたさない範囲で DSO からの要求にできる限り応えるような充放電計画を立案，実施できる。今後の課題として，EV シェアリングが DSO からの充放電要求値を満たせない場合が確認されており，現在，より適切な充放電可能な容量の算出方法についての研究が進められている[13]。

引用・参考文献

1） Shaheen, S., Sperling, D., and Wagner, C.：Carsharing in Europe and North America: Past, Present and Future, Transportation Quarterly, **52**, 3, pp.35–52（1998）

2） 交通エコロジー・モビリティ財団のウェブサイト：カーシェアリング，
　　http://www.ecomo.or.jp/environment/carshare/carshare_top.html

3） Ha：mo TOYOTA city のウェブサイト：Ha：mo RIDE，https://hamo-toyotacity.jp/

4） タイムズカーシェアのウェブサイト：Times CAR SHARE × Ha：mo，
　　https://share.timescar.jp/tcph/

5） car2go のウェブサイト：https://www.car2go.com/

6） Kawashima, A., Makino, N., Inagaki, S., Suzuki, T., and Shimizu,O.：Simultaneous Optimization of Assignment, Reallocation and Charging of Electric Vehicles in Sharing Services, 1st IEEE Conference on Control Technology and Applications（CCTA）（2017）

7） Susuki, Y., Mizuta, N., Kawashima, A., Ota, Y., Ishigame, A., Inagaki, S., and Suzuki, T.：A Continuum Approach to Assessing the Impact of Spatio-Temporal EVCharging to Distribution Grids, 2017 IEEE 20th International Conference on Intelligent Transportation Systems（ITSC）, pp. 2372–2377（2017）

8） 経済産業省資源エネルギー庁：バーチャルパワープラント・ディマンドリスポンスについて，
　　https://www.enecho.meti.go.jp/category/saving and new/advanced systems/vpp dr/

9） Bundesverband Car Sharing のウェブサイト：Jahresberichte，
　　https://www.carsharing.de/verband/veroeffentlichungen/jahresberichte

10） 藤江哲也：整数計画法による定式化入門，オペレーションズ・リサーチ，**57**, 4, pp.190–197

（2012）

11)　新エネルギー・産業技術総合開発機構（NEDO）：年間時別日射量データベース（METPV-11），
http://app0.infoc.nedo.go.jp/metpv/metpv.html

12)　Mizuta, N., Susuki, Y., Ota, Y., and Ishigame, A.：Synthesis of Spatial Charging／Discharging
Pattens of In-Vehicle Batteries for Provision of Ancillary Service and Mitigation of Voltage
Impact, IEEE Systems Journal, **13**, 3, pp.3443-3453（2019）

13)　Yumiki, S., Susuki, Y., Masegi, R., Kawashima, A., Ishigame, A., Inagaki, S., and Suzuki, T.：
Computing an Upper Bound for Charging／Discharging Patterns of In-Vehicle Batteries towards
Cooperative Transportation-Energy Management, 2019 IEEE Intelligent Transportation Systems
Conference（ITSC）（2019）

14)　栅木 諒，川島明彦，水田直斗，薄 良彦，稲垣伸吉，鈴木達也：EV シェアリングと配電電圧サポー
トの統合的運用計画，第 62 回システム制御情報学会研究発表講演会（2018）

8 車の使用履歴とマルコフモデルを用いた車の使用予測

　本章では，ある起点に車が駐車中か不在かを，過去の履歴と現在観測できる情報を用いて，未来にわたって予測する手法を紹介する。車が駐車中か不在かは，ユーザがどのように車を使うかによるので，ここではそれを『車の使用』と呼ぶことにする。なお，車の使い方には，いつ車が使われるかだけでなく，どのように，つまり走行距離やハンドル，アクセル・ブレーキの操作までを含む場合がある。しかし，本章では 5 章で紹介したモデル予測制御に基づく EMS に不可欠な，『いつ』車が使われるかの予測のみに焦点を当てて，その一手法を紹介する。8.1 節では，単一拠点（家）を起点として，単一の車がいつ駐車し，いつ不在になるかを，車の使用履歴とマルコフモデルを用いて予測する手法を紹介する。8.2 節では，複数の拠点にまたがって，複数の（しかも多量の）車が移動するときの，駐車中と移動中の車の台数を予測する手法について紹介する。

8.1　単一拠点（家）における車 1 台の使用予測[1]

　5 章で紹介したモデル予測制御に基づく HEMS では，EV/PHV（以下，単に車と呼ぶ）の車載蓄電池が，現在から 24 時間先までに，いつ家の充放電器につながるか否かの情報が必要であった。つまり，図 8.1 のように，家を起点としたときの，車を駐車するか，それとも車で外出して不在になるか，というユーザによる『車の使用』の未来にわたっての情報である。なお，以降では，車が駐車中であることと，車載蓄電池が充放電器につながっていることは同じであり，車が不在であることは充放電器につながっていないことと同一である，と仮定する。5.2.2項の定式化においては，車の使用は式 (5.10) において，$\tilde{\gamma}_{h,j}(k|t) \in \{0, 1\}$ として表現されていた。各ラベルと引数の意味は，h が家のラベル，j がその家が所有する車のラベル，t が現在時刻（モデル予測制御の最適化計算をする時刻），k が時刻 t から何ステップ先（制御周期 $\Delta t = 30$〔分〕なので，1 ステップが 30 分）の値を意味するかの変数である。時刻 t において，家 h の車 j の時刻 $t + k$ における車の使い方を予測した値が $\tilde{\gamma}_{h,j}(k|t)$ であり，車が駐車中であればその値は 0 であり，車が不在であれば 1 である。車が家に不在であるとき，車はどこかに向けて走行しているかもしれないし，どこかに駐車しているかもしれない。しかし，家に不在時の車の使い方はここでは不問として，合わせて $\gamma = 1$ と表している。なお，5.2.2 項の式(5.10) では，車の不在時における消費電力 $\tilde{B}_{h,j}^{\mathrm{v, cons}}(k|t)$ も予測する必要がある。つまり，不在時の車載蓄電池の使われ方の予測も，モデル予測型の HEMS にとって厳密には必要だが，本書

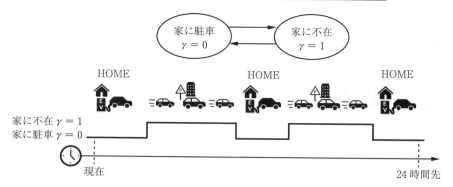

図 8.1 家を起点とした車が駐車中（充放電器につながっている）と
不在（つながっていない）の状態遷移図と，状態 $\bar{\gamma}$ の時間変化

ではその予測は扱わない。

8.1.1 車の駐車と不在のパターンを表すグラフ：PDTT

　図 8.1 の家に駐車・不在の状態を Δt 刻みで表現した例が，**図 8.2** の上のグラフである。●
が各時刻での駐車・不在を表している。現在時刻を τ として，現在時刻 τ では，それより前の
時刻 t_0 で始まった不在もしくは駐車が継続している。そして，この例では，時刻 $t_1 - 1 \sim t_1$
の間に車は家を離れ，時刻 $t_2 - 1 \sim t_2$ の間に帰宅，また時刻 $t_3 - 1 \sim t_3$ に家を離れ，時刻
$t_4 - 1 \sim t_4$ に帰宅する。T は 24 時間後を表しており，$\Delta t = 30$〔分〕なので $T = 48$ と計算さ
れる。つまり，現在時刻から数えて●は 48 個あり，この 48 点の●からなるパターンを求める

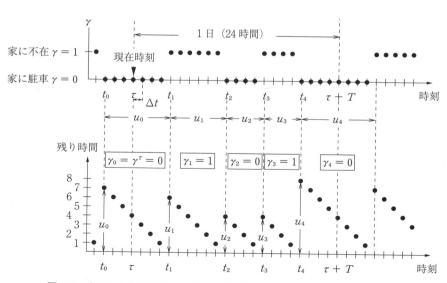

図 8.2 車の駐車と不在を Δt ごとに表したパターン（PDTT）（上図）と，
縦軸に駐車と不在の残り時間にしたグラフ（下図）

のが車の使用予測である。著者等はこのパターンを PDTT（profile of departure and travel time）と呼んでいる。

さて，各時刻の状態が所詮1か0の二つの値しかもたない PDTT を求めるというのは，そこまで難しく思えないかもしれない。しかし，48点からなる PDTT は，そのとり得る組合せは $2^{48} = 281\ 474\ 976\ 710\ 656$ という膨大な数になる。現在の車の状態が観測できる場合はこの半分となるが，それでもまだまだ途方もなく多い。この組合せのなかから最ももっともらしい PDTT を見つける方法を，本章では紹介する。その前に，いくらか準備を要するので，順を追って説明していく。

まず，図8.2の上と下の対応を考える。横軸が時間を表すのは同じだが，縦軸が違っている。上の図では，車が駐車中か不在かの2値をとっていたが，下の図では車が駐車もしくは不在である状態が『あとどれくらい継続するかの残り時間』を表している。例えば，時刻 t_0 において駐車中という状態が始まり，7ステップ（$u_0 = 7 \times \Delta t = 3$ 時間 30 分）継続する。時刻 $t_0 + 1$ ではまだ駐車中であり，駐車の開始時刻から30分経ったので，残り6ステップ駐車を続ける。そして，時刻 $t_0 + 6$（$= t_1 - 1$）では残りステップが1となり，そのつぎの時刻 t_1 では車は不在となり，今度は，不在を続ける残り時間 u_1 が縦軸にセットされる。また，時刻 t_0 で始まる状態が駐車か不在かを明記するために，□枠内に，その状態 $\gamma_0 = 0$ と表現している。この状態は現在時刻においても継続しているので，$\gamma_0 = \gamma_\tau = 0$ である。そして，駐車の状態が終わればつぎは不在となるので $\gamma_1 = 1$ になり，不在が終われば（帰宅すれば）駐車状態が始まり，つぎは $\gamma_2 = 0 \cdots$ というように，交互に駐車と不在の状態が入れ替わっていく。どうして図8.2の上図（PDTT）から下図の対応をとる必要があるのかについては，つぎに説明しよう。

8.1.2 車の駐車と不在の時間変化を表すマルコフモデル

図8.2下図のような車の状態の時間変化を表すマルコフモデル（Markov model）が**図8.3**である。マルコフモデルは状態を○で表現し，状態間の遷移を状態間の矢印で表現する。状態遷移には遷移確率が割り振られており，マルコフモデルは確率過程を表すグラフィカルモデルということができる。図8.3についてもう少し詳しく定義しよう。

図8.3の状態の集合は，車の駐車・不在 $(0, 1)$ と，残り時間 $(1, 2, \cdots, T)$，および時刻 $(\tau, \tau + 1, \cdots, \tau + T)$ の組合せとして，つぎのように定義できる。

$$S^\tau = \{0, 1\} \times \{1, 2, \cdots, T\} \times \{\tau, \tau + 1, \cdots, \tau + T\} \tag{8.1}$$

すなわち，状態の集合 S^τ は $2T^2$ 個の要素からなっている。時刻が現在時刻から始まっているので，この状態の集合は現在時刻に依存している。言い方を変えれば，時間とともに更新される。それゆえ，S^τ と右上に現在時刻が付されていることに注意されたい。図8.3では，横方向に時刻の経過に合わせて状態が並べられ，縦方向にまずは大きく車の不在と駐車で状態を分け，さらにそのなかで残り時間を昇順で並べている。

以下の議論のために，車の駐車・不在を $\gamma \in \{0, 1\}$，経過時間を $u \in \{1, 2, \cdots, T\}$，そして時

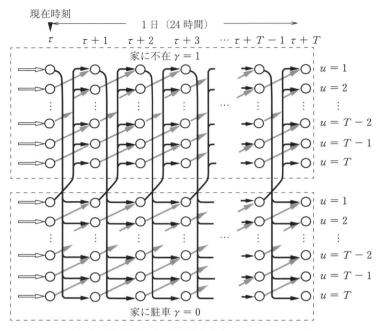

図 8.3 車の状態の時間変化を表すマルコフモデル M^τ

刻を $t \in \{\tau, \tau+1, \cdots, \tau + T\}$ と表現しよう。これによりマルコフモデル図 8.3 の状態は

$$s_{(\gamma, u, t)} \in S^\tau$$

と表現することができる。そして，状態遷移確率の集合を

$$A^\tau = \{a_{ss'} \in [0, 1] \mid (s, s') \in S^\tau \times S^\tau\} \tag{8.2}$$

と定義する。つまり，状態 $s \in S^\tau$ から状態 $s' \in S^\tau$ へ遷移するときに，0 から 1 の大きさで確率 $a_{ss'}$ が割り振られる，ということを意味している。値 $a_{ss'}$ は確率なので，最終時刻 $t + T$ 以外の状態について

$$\sum_{s' \in S^\tau} a_{ss'} = 1 \tag{8.3}$$

が成り立つ。これは，最終時刻 $t + T$ 以外の状態については，つぎの時刻でいずれかの状態（特に，つぎの時刻のいずれかの状態）に必ず遷移することを意味している。図 8.3 においては，状態遷移確率が 0 より大きい値をとり得る状態遷移を，黒色もしくは灰色の矢印で表現している。

さらに，マルコフモデルでは状態が遷移していく際の最初の状態がどれなのか，を確率で指定する。この確率は初期状態確率と呼ばれる。図 8.3 における初期状態確率の集合はつぎのように定義される。

$$\Pi^\tau = \{\pi_s \in [0, 1] \mid s \in S^\tau\} \tag{8.4}$$

この値も確率なので

$$\sum_{s \in S^\tau} \pi_s = 1 \tag{8.5}$$

が成り立つ。図 8.3 においては，初期状態確率が 0 より大きい値をとり得る状態を時刻（現在時刻）の状態のみとしている。図中では左端の白抜きの矢印が，その状態が初期状態となり得る（初期状態確率が 0 より大きい値をとり得る）ことを意味している。このように状態が左端のいずれかの状態から始まり，右端のいずれかの状態で終わるような，左から右へ一方通行に状態が遷移するマルコフモデルは，left-to-right マルコフモデルと呼ばれる。

以上，状態の集合 S^τ と，状態遷移確率の集合 A^τ，および初期状態確率の集合 Π^τ の 3 項を用いて，図 8.3 のマルコフモデルは

$$M^\tau = (S^\tau, A^\tau, \Pi^\tau) \tag{8.6}$$

と改めて定義することができる。前述したように，このマルコフモデルの状態は，時間が進み現在時刻が更新されるたびに定義され直す。それに伴い，マルコフモデル全体も時間が進むたびに更新される。実際に，Δt の時間が進むたびに，つぎに述べる車の使用履歴と観測情報に基づいて，状態遷移確率と初期状態確率が更新されていく。

8.1.3　確率の算出に使う情報：車の使用履歴と観測情報

状態遷移確率と初期状態確率を計算する際には二つの情報を利用する。一つは，車が過去にどのように使われたかの履歴，もう一つは現在観測できる車の状態（駐車中か不在か）である。それぞれについて，以下に説明する。

まず使用履歴は，**表 8.1** と**表 8.2** のように，それぞれ，過去に観測された『出発した時刻と家に戻ってくるまでの残り時間の組合せの回数』，および『家に駐車を始めた時刻とつぎに出発するまでの残り時間の組合せの回数』の情報である。これらの表は度数分布表と呼ばれ，車ごとに作成される。なお，24 時間（$u = T$）より大きい駐車／不在については，『普段の車の使い方ではない』として観測データから除外している。すなわち，この度数分布表では，『普段の生活では 1 日に 1 回は車を使うだろう』ということを仮定している。もちろん，これは各個人の

表 8.1　車が家から出発した時刻と家に戻ってくるまでの残り時間の度数分布表の例：
() 内の数字は時刻を $\Delta t = 30$〔分〕ごとにラベル付けした時刻

| | | | \multicolumn{7}{c}{出発時刻} | | | | | | |
			0：00 (0)	0：30 (1)	1：00 (2)	1：30 (3)	⋯	23：00 ($T-2$)	23：30 ($T-1$)
残り時間	0：30	(1)	0	0	2	3	⋯	1	2
	1：00	(2)	1	0	1	4	⋯	0	0
	1：30	(3)	2	1	0	5	⋯	1	1
	⋮		⋮	⋮	⋮	⋮	⋱	⋮	⋮
	23：00	($T-2$)	1	1	0	4	⋯	3	1
	23：30	($T-1$)	0	0	1	2	⋯	0	1
	24：00	(T)	0	0	0	1	⋯	0	0

表 8.2　車が家に駐車を始めた時刻とつぎに出発するまでの残り時間の度数分布の例

			駐車開始時刻						
			0：00 (0)	0：30 (1)	1：00 (2)	1：30 (3)	… …	23：00 (T−2)	23：30 (T−1)
残り時間	0：30	(1)	3	1	2	4	…	1	0
	1：00	(2)	2	1	1	6	…	0	1
	1：30	(3)	4	2	0	7	…	1	2
	⋮		⋮	⋮	⋮	⋮	⋱	⋮	⋮
	23：00	(T−2)	2	4	0	4	…	3	1
	23：30	(T−1)	1	3	1	2	…	1	2
	24：00	(T)	0	1	0	1	…	1	0

生活様式に依存するものなので，必要であれば残り時間 u の最大値を延ばしてもよい。例えば，1日家に帰ってこない場合が頻繁であるなら最大値を 48 時間（$u = 2T$）とすればよいし，週末にしか車を使わないことが頻繁であるなら最大値を 8 日（$u = 8T$）とすればよい。

　また，これらの度数分布表は，高さが度数を表す棒グラフで表現すれば，後述の図 8.5 のような三次元の図として描くことができる。

　つぎに，現在の車の状態は**図 8.4** のように，現在時刻において車が充放電器につながれているか否かを（例えば，充放電器やエネマネの処理装置が）観測すればよい。つながれていたら駐車中であり $\gamma^\tau = 0$ とし，つながれていなかったら不在として $\gamma^\tau = 1$ とする。また，その現在の状態がいつから始まったかも記録できるものとする。これは，図 8.2 における時刻 t_0 を記録することを意味している。

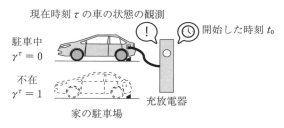

図 8.4　現在時刻 τ において観測される車の状態 γ^τ（駐車中 or 不在）：充放電器への車の接続を確認することで知ることができる。

8.1.4　車 1 台のモデルにおける状態遷移確率と初期状態確率の計算

　マルコフモデル図 8.3 の状態は，車の駐車・不在を $\gamma \in \{0, 1\}$，経過時間を $u \in \{1, 2, \cdots, T\}$，そして時刻を $t \in \{\tau, \tau+1, \cdots, \tau+T\}$ としたとき

$$s_{(\gamma, u, t)} \in S^\tau$$

と表現することができるのであった（式（8.2）の上の文を参照）。以下では，状態 $s_{(\gamma, u, t)}$ から状

態 $s'_{(\gamma',u',t')}$ への状態遷移確率，および状態 $s_{(\gamma,u,t)}$ における初期状態確率を，読みやすさのために

$$a_{s_{(\gamma,u,t)},s'_{(\gamma',u',t')}} \equiv a_{(\gamma,u,t)(\gamma',u',t')}$$

$$\pi_{s_{(\gamma,u,t)}} \equiv \pi_{(\gamma,u,t)}$$

と略記しよう。

では，まず状態遷移確率 $a_{(\gamma,u,t)(\gamma',u',t')}$ について計算しよう。車が駐車／不在である残り時間が Δt，つまり $u=1$，のとき，つぎの時刻において車の状態は，逆の不在／駐車になる。この状態遷移は図8.3における黒色の矢印の遷移に当たる。不在／駐車の状態を始めるときに，どれくらいその状態を継続するかについては，表8.1と表8.2の度数分布表の値を使う。すなわち，状態 $s_{(\gamma,1,t)}$ から状態 $s_{(1-\gamma,u',t+1)}$ への遷移確率を，車の状態 γ に対する度数分布表の u 行 t 列の要素の値を $c_\gamma(t,u)$ として

$$a_{(\gamma,1,t)(1-\gamma,u',t+1)} = \frac{c_{1-\gamma}(t+1,u')}{\sum_{\delta=1}^{T} c_{1-\gamma}(t+1,\delta)} \tag{8.7}$$

と計算する。

車が駐車／不在である残り時間が $u \neq 1$ であるときは，そのつぎの時刻においても同じ駐車／不在が継続される。この状態遷移は図8.3における灰色の矢印にあたり，状態遷移確率は

$$a_{(\gamma,u,t)(\gamma,u-1,t+1)} = 1 \qquad \text{if} \quad u \neq 1 \tag{8.8}$$

となる。式 (8.7)，(8.8) に示された以外の状態遷移（例えば，時刻を $2\Delta t$ またいだような状態遷移）の状態遷移確率は 0 である。

最後に，初期状態確率を考える。初期状態確率の掲載には，表8.1と表8.2の度数分布表の値と，現在時刻の観測情報 (t_0, γ^τ) を用いる。もしも，現在時刻の車の状態が不在，すなわち $\gamma^\tau = 1$，であるとしたら，それは過去の時刻 t_0 に家を出発してまだ帰宅していないことを意味している。いつ帰宅するかはわからない（としている）ので，過去の履歴から推測するしかない。過去の時刻 t_0 から家を不在にしているとすると，現在時刻においてその残り時間 u の候補は $\{1, 2, \cdots, T-(\tau-t_0)\}$ となる。そうすると，時刻 t_0 において家を出発したときにおける残り時間は $\{\tau-t_0+1, \tau-t_0+2, \cdots, T\}$ であったはずである。すなわち，現在時刻 τ の初期状態確率（図8.3における白抜きの矢印）を計算は，時刻 t_0-1 の駐車中から時刻 t_0 の出発で残り時間 u が $\{\tau-t_0+1, \tau-t_0+2, \cdots, T\}$ のいずれかの状態に遷移したときの確率を求めればよい。また，この議論は現在時刻の車の状態が駐車中であっても同じことで，駐車が始まった時刻 t_0 に対して，どれくらい駐車を続けるかの残り時間を考えればよい。したがって，観測した現在時刻における車の状態が γ^t のとき

$$\pi_{(\gamma^\tau, u, \tau)} = \begin{cases} \dfrac{a_{(1-\gamma^\tau, 1, t_0-1)(\gamma^\tau, \tau-t_0+u, t_0)}}{\displaystyle\sum_{\delta=\tau-t_0+1}^{T} a_{(1-\gamma^\tau, 1, t_0-1)(\gamma^\tau, \delta, t_0)}} & \text{if} \quad u \in \{1, 2, \cdots, T-(\tau-t_0)\} \\[2em] 0 & \text{otherwise} \end{cases} \tag{8.9}$$

$$\pi_{(1-\gamma^\tau, u, \tau)} = 0 \tag{8.10}$$

と計算できる。

8.1.5　動的計画法を用いた PDTT の最尤推定

さて，これでマルコフモデル $M^\tau = (S^\tau, A^\tau, \Pi^\tau)$ の構築ができたので，いよいよ最ももっともらしい車の使い方を算出しよう。これは図 8.3 において，現在時刻から 24 時間後 $\tau + T$ までの最も起こりやすい状態の移り変わり（系列）を求める問題となる。このようにモデルが与えられたうえで最ももっともらしい確率過程を求める問題は，最尤推定問題（most likelihood problem）と呼ばれる。

時刻 $t \in \{\tau, \tau+1, \cdots, \tau+T\}$ におけるマルコフモデルの状態の確率変数を $S(t)$ とし，その実現値（確率変数がとり得る値）を

$$s(t) \in \{s_{(\gamma, u, t)} \in S^\tau \mid \gamma \in \{0, 1\}, u \in \{1, 2, \cdots, T\}\} \tag{8.11}$$

とする。そして，確率変数 $S(t)$ が実現値 $s(t)$ をとる確率を $\Pr(S(t) = s(t))$ と表す。このとき，マルコフモデル M^τ のもとでの状態系列に関する最尤推定問題は以下のように書くことができる。

Given

　M^τ

find

　$\{s(t) \mid t \in \{\tau, \tau+1, \cdots, \tau+T\}\}$

which maximize

$$J = \Pr(S(\tau) = s(\tau), S(\tau+1) = s(\tau+1), \cdots, S(\tau+T) = s(\tau+T)) \tag{8.12}$$

$$= \Pr(S(\tau) = s(\tau)) \times \Pr(S(\tau+1) = s(\tau+1) \mid S(\tau) = s(\tau)) \times \cdots$$
$$\cdots \times \Pr(S(\tau+T) = s(\tau+T) \mid S(\tau+T-1) = s(\tau+T-1)) \tag{8.13}$$

$$= \pi_{s(\tau)} \times a_{s(\tau)s(\tau+1)} \times \cdots \times a_{s(\tau+T-1)s(\tau+T)} \tag{8.14}$$

式 (8.12) 左辺の J はこの問題の評価関数であり，右辺は時刻 τ から時刻 $\tau + T$ の状態系列の同時確率であり，これを最大化する問題となっている。そして，式 (8.13) は同時確率を条件付き確率で展開しており，マルコフモデルで M^τ では時刻 t の状態 $S(t)$ は時刻 $t-1$ の状態 $S(t-1)$ のみに依存するという関係を用いている。式 (8.14) では，式 (8.13) の各確率を初期状態確率と状態遷移確率に対応させている。

この最尤推定問題の解 $\{s^*(t) \mid t \in \{\tau, \tau+1, \cdots, \tau+T\}\}$ を求めるために，つぎの変数を導入する。

$$\delta_{s(t)} = \begin{cases} \pi_{s(\tau)} & \text{if} \quad t = \tau \\ \max_{s(t-1)} \{ \delta_{s(t-1)} a_{s(t-1)s(t)} \} & \text{otherwise} \end{cases} \tag{8.15}$$

この変数の計算は $t = \tau$ から順を追って，$t = \tau + 1$，$\tau + 2, \cdots$ と前向きに順次求めることができる。そして，$\delta_{s(\tau+T)}$ まで計算したら，時刻 $t + T$ における最適な（最も起こりやすい）状態と評価関数 J の最適値をつぎのように得ることができる。

$$J^* = \max_{s(\tau+T)} \delta_{s(\tau+T)} \tag{8.16}$$

$$s^*(t + T) = \arg \max_{s(\tau+T)} \delta_{s(\tau+T)} \tag{8.17}$$

こうして時刻 $t + T$ における最適な状態がわかったら

$$s^*(t) = \arg \max_{s(t)} \{ \delta_{s(t)} a_{s(t)s^*(t+1)} \} \tag{8.18}$$

に基づいて，続いて時刻 $t + T - 1$ における最適な状態を，また続いて時刻 $t + T - 2$ における最適な状態を…というように，各時刻の最適な状態を今度は後ろ向きに求めていく。このようにして，前向きの計算と後ろ向きの計算を一巡することで，最尤推定問題の最適解 $\{ s^*(t) | t \in \{ \tau, \tau + 1, \cdots, \tau + T \} \}$ を求めることができる。

8.1.6 計算結果の例

別々の家で使われる 2 台の普通自動車に GPS ロガーを取り付け，27 か月にわたってその位置情報を取得した。そして，初めの 24 か月分のデータを用いて自宅での出発と帰宅の時刻を抽出し，度数分布表を**図 8.5** のように作成した。表 8.1 と表 8.2 とは違い，縦軸に度数を示すことで，三次元の度数分布のグラフにしている。図（a），（b）は，中年層の女性がおもに通勤と買い物に使用する車（車 A）の度数分布であり，図（c），（d）は若年層の夫婦がおもに買い物と子供の送迎に使用する車（車 B）の度数分布である。図（a）では朝方に出発して長い間不在にしていることがわかる。また，鋭いピークが見られ，規則正しい車の使い方をしていることがわかる。一方，図（a）では短時間の車の利用が多く，際だったピークがないことから不規則な利用が多いことがわかる。

図 8.6 に車 A と車 B について，PDTT を予測した結果を示す。横軸が時間であり，左端が現在時刻，右端が 24 時間先を意味している。30 分ごとに観測値が更新されるので，予測も更新される。30 分ごとの更新が上段から下段へ繰り返されている（横軸の時間も 30 分ずつ進んでいる）。縦軸は車が家に不在か駐車中を表しており，実線が正解の車の使い方，破線が予測した車の使い方である。現在時刻の段階では，正解の車の使い方はもちろんわからないので，予測が外れているところがあるが，現在時刻では観測に基づいて初期状態確率が計算されるので予測と正解が必ず一致している。

定量的に予測精度を評価するために，一致率（accuracy）と真陽性率（true positive rate, recall）の平均値を**表 8.3** に求めた。これらの値の算出においては，度数分布表を作成したデー

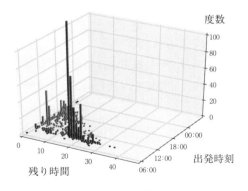

（a）　車Aの不在に関する度数分布

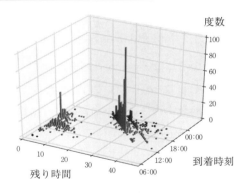

（b）　車Aの駐車に関する度数分布

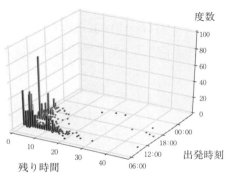

（c）　車Bの不在に関する度数分布

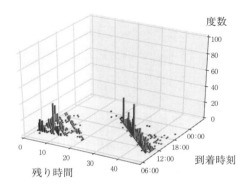

（d）　車Bの駐車に関する度数分布

図 8.5　家での不在と駐車を表す度数分布：中年層女性がおもに通勤と買い物に使用する車 A の度数分布（a）（b），若年層夫婦がおもに買い物と子供の送迎に使用する車 B の度数分布（c）（d）[1]

タとは別の 3 か月のデータを用いた。一致率は実際の不在と外出に対して予測が当たった割合，真陽性率は不在との予測に対して実際に不在であった割合である。特に，真陽性率が小さい場合は，充放電計画をする際に，本来は車が不在なのに充放電量を割り振ってしまう可能性が高くなる。そうすると，例えば，充電できると予測した時刻に充電を計画したが，実際にその時刻になったら車が不在であり，車に十分に充電できなかったということもあり得る。このように，計画における有効な充放電量を見越すことができるので，真陽性率は充放電の計画にとって車の使用予測の評価指標となる。

8.2　車群の移動と駐車の予測

　前節では，車載蓄電池を家の電力管理に活用するという目的に合致するものとして，車 1 台の家での駐車と不在の予測を対象とした。一方で，地域にある多数の車（以下，車群（vehicle fleet）と呼ぶ）の移動と駐車を予測したいという要望もある。例えば，それらの車が EV や

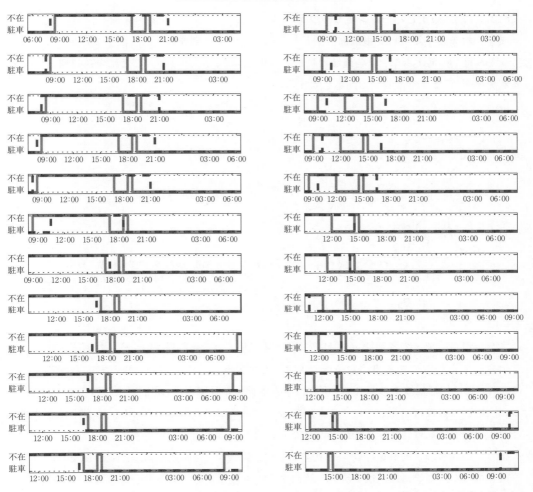

図 8.6 車 A の PDTT（左列）と車 B の PDTT（右列）：実線が正解の車の使い方，破線が予測した車の使い方；上段から下段へ 30 分ごとに経過している[1]。

表 8.3 2 台の車の一致率と真陽性率：
3 か月の検証用データを用いて予測
したときの平均値

	一致率	真陽性率
車 A	72 %	64 %
車 B	73 %	56 %

PHV であるとしたとき，地域における車載蓄電池の総電池容量を車群の移動と駐車から推定することができる。車群の総電池容量や総電力残量がわかれば，それらの車が充電した際の電力系統に与える影響（impact）の評価や，逆に車載蓄電池を用いた電力系統の安定化を実現できるかもしれない。そこで，本章では車群の移動と駐車の予測手法[2]について説明する。

8.2.1　問題設定とパーソントリップデータ

まず，対象とする地域を中京都市圏として**図 8.7** のように 3 地域に分割する。そして，この 3 地域の間を移動する車と，各地域に駐車する車の数を，30 分（Δt）ごとに現在時刻 τ から 24 時間先 $\tau + T$ までを予測する問題を考える。

図 8.7　中京都市圏の 3 地域間を移動・駐車する 車群を考える：地域 1 は中心街，地域 2 は周辺 地域，地域 3 は通勤圏と分けた。

また，現在時刻 τ で各地域 $p \in \{1, 2, 3\}$ に駐車している車の数 $P(p, \tau)$，および各地域 p から出発して走行中である車の数 $R(p, \tau)$ は，何かしらの方法で観測できるものとする。これは，車への情報通信技術の導入で，例えば車の走行中か駐車中かの状態や，車が EV や PHV なら充放電器への接続情報を用いることができるという仮定である。ただし，移動中は 3 地域のどこに向かって走行しているかはわからないものとする。

なお，これらの 3 地域を移動・駐車する車の総数 N は 24 時間を通して変わらないものとする。もちろん，実際には地域に流入・流出する車も存在するであろうが，それらは無視する。すなわち，次式と仮定する。

$$\sum_{p=1}^{3} P(p, \tau) + \sum_{p=1}^{3} R(p, \tau) = N \tag{8.19}$$

対象とする地域を中京都市圏に選んだ理由は，中京都市圏総合都市交通計画協議会より提供される中京都市圏パーソントリップ調査のデータを活用できたからである。中京都市圏パーソントリップ調査では，岐阜県，愛知県，三重県にまたがる中京都市圏の 96 市町村から無作為に選ばれた約 45 万世帯の 5 歳以上の住民に対して，1 日の外出行動をアンケートベースで調査した。自家用車を移動手段として用いるデータの中で，出発地と目的地が 3 地域以外のもの，各移動時間の総和と出発時刻と到着時刻の差が一致しないもの，そして予測の周期を 30 分とする関係で移動と駐車が 30 分より短いもの，を除外した。パーソントリップのデータでは 110 万台の車の情報が含まれていたが，その中から約 3 万台分を使うことになった。

8.2.2 状態の定義とマルコフモデル

さて，前節と同じように，車群の移動・駐車を表すマルコフモデルを考えよう。その前に，図8.8のように3地域間の移動と各地域での駐車を表す状態遷移図を考える。図8.1とは違い，駐車中の状態が三つと，地域から地域への移動が九つ存在する。図8.1では車の状態を家に駐車（$\gamma = 0$）/不在（$\gamma = 1$）のみを扱っていたが，図8.8では駐車中か走行中か（$\gamma \in 0, 1$），出発地点の地域（$p \in 1, 2, 3$），到着地点の地域（$q \in 1, 2, 3$）の組合せで車の状態（γ, p, q）を定義する。ただし，駐車中では $p = q$ とする。例えば，地域1に駐車中なら車の状態は $(0, 1, 1)$ という具合である。また，地域1から2に向けて走行中なら車の状態は $(1, 1, 2)$，地域1から1に向けて走行中なら（地域1内を移動するだけかもしれないし，他の地域を経由してまた地域1に戻るかもしれない）車の状態は $(1, 1, 1)$ となる。

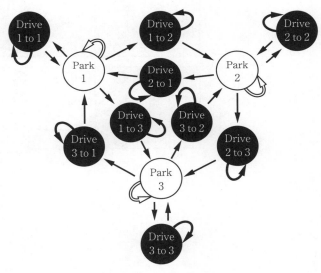

図 8.8 3地域間を移動・駐車する車（車群）の状態を
表す状態遷移図

つぎにマルコフモデルを考えよう。式（8.1）と同じように，車の状態に加え，残り時間 $(1, 2, \cdots, T)$，および時刻 $(\tau, \tau + 1, \cdots, \tau + T)$ の組合せでマルコフモデルの状態を，すなわち

$$S^\tau = \{0, 1\} \times \{1, 2, 3\} \times \{1, 2, 3\} \times \{1, 2, \cdots, T\} \times \{\tau, \tau + 1, \cdots, \tau + T\} \quad (8.20)$$

と定義する。そして，式（8.2）のように状態遷移確率を，式（8.4）のように初期状態確率を定義し，マルコフモデル M^τ を定義する。図8.3と同様にマルコフモデルを図示すると**図8.9**左のようになる。他の地域での駐車と出発地域と到着地域の組合せだけ状態と遷移が存在する。ただし，駐車と移動をまたぐ状態遷移は一部のみ表示している。そして，地域1と2での駐車と地域1から2への移動のみを取り出したものが右である。

図8.3は車1台の状態の時間変化を表現したマルコフモデルであった。そして，現在時刻か

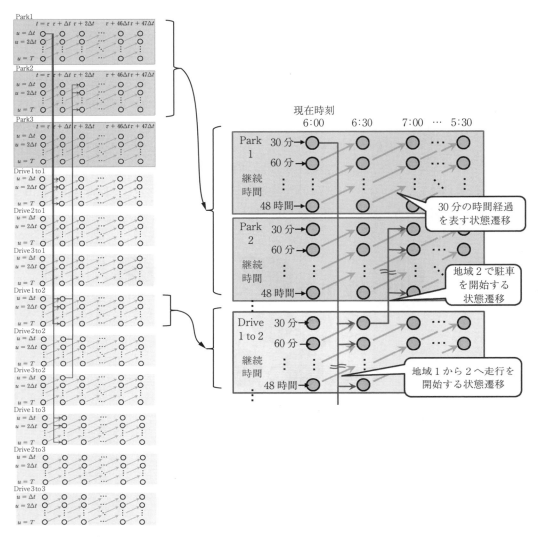

図 8.9　3 地域間を移動・駐車する車（車群）のマルコフモデル（左），地域 1, 2 での駐車と地域 1 から 2 への移動のみを取り出した部分（右）

ら 24 時間先までの最尤な一つの経路（path）を見つけた。図 8.9 は車群の状態の移り変わりを表すものだが，図 8.3 と同様に車 1 台の状態の時間変化を表すと考えてもよい。ただし，その場合は車群を代表する平均的な車 1 台のそれということになる。じつは，車群の予測では一つの最尤経路を求めるのではなく，マルコフモデルの各状態での存在確率を算出して用いる。存在確率に車の総台数をかければ，その状態における車の期待値を計算することができるからである。

　また，8.1 節では度数分布表は表 8.1 と表 8.2 の二つのみであったが，車群の予測においては

3 地域での駐車（3）＋ 3 地域をまたがる移動（3 × 3）＝ 12 個

の度数分布表が必要である。例えば，表8.1に対応させて『車が地域1から出発した時刻と地域2に戻ってくるまでの残り時間の度数分布表』，表8.2に対応させて『車が地域1に駐車を始めた時刻とつぎに（地域1，2，3のどこかへ向けて）出発するまでの残り時間の度数分布表』といった具合である。そして，度数分布表の各要素に対応する車の数をパーソントリップデータから抽出して，度数分布表を作成する。

8.2.3　車群のモデルにおける状態遷移確率と初期状態確率の計算

マルコフモデル図8.9の状態は，駐車中か走行中か（$\gamma \in 0, 1$），出発地点の地域（$p \in 1, 2, 3$），到着地点の地域（$q \in 1, 2, 3$）の組合せで車の状態（γ, p, q）に加え，経過時間 $u \in \{1, 2, \cdots, T\}$ と時刻 $t \in \{\tau, \tau + 1, \cdots, \tau + T\}$ を合わせて

$$s_{(\gamma, p, q, u, t)} \in S^{\tau}$$

と表される。以下では，状態 $s_{(\gamma, p, q, u, t)}$ から状態 $s'_{(\gamma', p', q', u', t')}$ への状態遷移確率，および状態 $s_{(\gamma, p, q, u, t)}$ における初期状態確率を，読みやすさのために

$$a_{s_{(\gamma, p, q, u, t)}, s'_{(\gamma', p', q', u', t')}} \equiv a_{(\gamma, p, q, u, t)(\gamma', p', q', u', t')}$$

$$\pi_{s_{(\gamma, p, q, u, t)}} \equiv \pi_{(\gamma, p, q, u, t)}$$

と略記する。

まず，時間的に連続した状態遷移しか生じないので，つぎが成り立つ。

$$a_{(\gamma, p, q, u, t)(\gamma', p', q', u', t')} = 0 \qquad \text{if} \quad t - t' \neq 1 \tag{8.21}$$

そして，時刻 t から時刻 $t + 1$ にかけて，車の状態 γ が走行（1）から駐車（0）に変わるとき，走行の残り時間は $u = 1$ であるはずである。出発地が p，到着地が q として，状態遷移確率を次式で計算する。

$$a_{(1, p, q, 1, t)(0, q, q, u, t+1)} = \frac{c(0, q, q, u, t + 1)}{\sum_{\delta=1}^{T} c(0, q, q, \delta, t + 1)} \tag{8.22}$$

ここで，$c(\gamma, p, q, u, t)$ は，対応する度数分布表の要素である。また，時刻 t から時刻 $t + 1$ にかけて，車の状態 γ が駐車（0）から走行（1）に変わるとき，駐車の残り時間は $u = 1$ であるはずであり，目的地はわからないとしているので，状態遷移確率をつぎのように計算する。

$$a_{(0, p, p, 1, t)(1, p, q, u, t+1)} = \frac{c(1, p, q, u, t + 1)}{\sum_{\phi=1}^{3} \sum_{\delta=1}^{T} c(1, p, \phi, \delta, t + 1)} \tag{8.23}$$

さらに，駐車と移動の継続を表す状態遷移確率を次式とする。

$$a_{(\gamma, p, q, u, t)(\gamma, p, q, u-1, t+1)} = 1 \qquad \text{if} \quad u \neq 1 \tag{8.24}$$

つぎの初期状態確率を計算しよう。現在時刻 τ で各地域 $p \in \{1, 2, 3\}$ に駐車している車の数 $P(p, \tau)$ は，何かしらの方法で観測できるとしたのであった。そこで，現在時刻に各地域に駐車する状態の初期状態確率を

$$\pi_{(0,p,p,u,\tau)} = \frac{P(p,\tau)}{N} \frac{c(0,p,p,u,\tau)}{\displaystyle\sum_{\delta=1}^{T} c(0,p,p,\delta,\tau)} \tag{8.25}$$

現在時刻に走行する状態の初期状態確率を

$$\pi_{(1,p,q,u,\tau)} = \frac{R(p,\tau)}{N} \frac{c(1,p,q,u,\tau)}{\displaystyle\sum_{\phi=1}^{3}\sum_{\delta=1}^{T} c(1,p,\phi,\delta,\tau)} \tag{8.26}$$

と計算する。

8.2.4　マルコフモデルの各状態における存在確率と期待台数の計算

それでは，マルコフモデルの各状態における存在確率

$$\Pr\left(S(t) = s_{(\gamma,p,q,u,t)}\right) \equiv P(\gamma,p,q,u,t)$$

を計算し，その状態にある車の台数の期待値を求めよう。なお，各時刻において存在確率の和をとると

$$\sum_{\gamma=0}^{1}\sum_{q=1}^{3}\sum_{p=1}^{3}\sum_{u=1}^{T} P(\gamma,p,q,u,\tau) = 1 \tag{8.27}$$

であることに注意されたい。

まず，現在時刻 $t = \tau$ においては

$$P(\gamma,p,q,u,\tau) = \pi_{(\gamma,p,q,u,\tau)} \tag{8.28}$$

である。ここで，式 (8.19)，(8.25)，(8.26) から式 (8.27) が確かに成り立つことがわかる。そして，現在時刻以降の未来の時刻 $t \in \{\tau+1, \tau+2, \cdots, \tau+T\}$ に対しては

$$P(0,p,p,u,t) = P(0,p,p,u+1,t-1)$$
$$+ \sum_{\phi=1}^{3} P(1,\phi,p,1,t-1)a_{(1,\phi,p,1,t-1)(0,p,p,u,t)} \tag{8.29}$$

$$P(1,p,q,u,t) = P(1,p,q,u+1,t-1)$$
$$+ P(0,p,p,1,t-1)a_{(0,p,p,1,t-1)(1,p,q,u,t)} \tag{8.30}$$

と計算できる。これらについても式 (8.27) が成り立つことを読者の皆さんに確かめてもらいたい。最後に，時刻 t において，ある地域に駐車中の，もしくはある地域からある地域へ移動中の期待台数 $E(\gamma,p,q,t)$ は

$$E(\gamma,p,q,t) = N\sum_{u=1}^{T} P(\gamma,p,q,u,t) \tag{8.31}$$

として求めることができる。

8.2.5　パーソントリップデータを用いたシミュレーション結果

パーソントリップデータを，度数分布表を作成するための学習データと，予測精度を検証す

るための検証データに，日付によって分けてシミュレーションを行った。前述したように，現在時刻 τ における各地域に駐車している車の数 $P(p, \tau)$，および各地域 p から出発して走行中である車の数 $R(p, \tau)$ を観測し予測するという手順を，$\Delta t = 30$〔分〕ごとに行う。例えば，夜中 0 時の段階での 3 地域間を移動・駐車する車群の存在確率 $P(\gamma, p, q, u, 0:00)$ を図8.10 に示す。縦軸が存在確率の値であり，これに車群の総数 N をかけたものが期待台数である。このように，現在時刻から 24 時間先までの車群の存在確率（期待台数）を計算でき，さらに Δt ごとの観測に基づいて順次更新されていく。

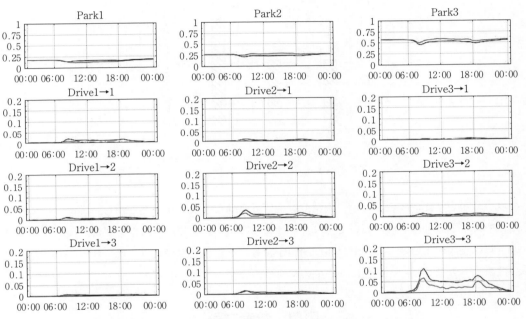

図8.10 夜中 0 時の段階で計算した，3 地域間を移動・駐車する
車群の存在確率 $P(\gamma, p, q, u, 0:00)$

　また，学習データと検証データの組合せを表8.4 のように分けて，予測精度を検証した。ただし，この場合も学習データと検証データは別の日のデータを使っている。これらのテストケースで，予測誤差の平均（M）と標準偏差（σ_a）を 1 日の検証に対して平均をとったものを図8.11 に示す。テストケース 1 と 2 では予測誤差の平均はそれぞれ 15.5 % と 15.6 %，テストケース 3 と 4 ではそれぞれ 25.7 % と 29.4 % であった。この違いは，人々の車の使い方が休日と平日で大きく違うことが原因であると考えられる。平日は自宅から職場へ通勤する車が多いが，休日はそれらの数が大幅に減る。

　このように車社会の大きな傾向の違いにより予測結果に差が出るのである。また，好天時と雨天時という天候の差においても予測精度が変わることが報告されている[3]。同様の現象は，前章で説明した車 1 台の予測においても現れる。したがって，状況に応じて学習データを分け

表 8.4 パーソントリップデータにおける学習データと
検証データの組合せ：学習データと検証データは別の
日のデータを使っていることに注意

Test No.	学習データ	検証データ
1	休日	休日
2	平日	平日
3	休日 ＋ 平日	休日
4	休日 ＋ 平日	平日

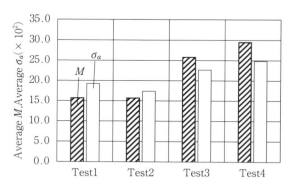

図 8.11 四つのテストワークにおける予測誤差の平均 M と
標準偏差 σ_a：1 日の検証に対して平均をとった値[2]

て度数分布表を作成することが予測精度を上げる有効な手段となる。しかし，学習データを極端に分けると度数分布表においてデータが疎になり，一度も記録されない要素が頻出して確率の計算に支障が出るという，ゼロ頻度問題が顕著になる可能性がある。得られるデータの量と分けるべきカテゴリーの関係についての検討は，今後の課題である。

引用・参考文献

1） 佐々木勇介，山口拓真，川島明彦，稲垣伸吉，鈴木達也：走行/駐車の時間経過マルコフモデルと動的計画法に基づく車の使用予測，計測自動制御学会論文集，**52**，11，pp.605–613（2016）

2） 清水 修，伊藤みのり，山口拓真，川島明彦，稲垣伸吉，鈴木達也：電力網と接続可能な車の台数予測手法の提案，自動車技術会論文集，**49**，4，pp.880–885（2018）

3） Shimizu, O., Kawashima, A., Inagaki, S., and Suzuki, T.：Vehicle Fleet Prediction for V2G System–Based on Left to Right Markov Model, in Proceedings of the 4th International Conference on Vehicle Technology and Intelligent Transport Systems–Volume 1： VEHITS, pp.417–422（2018）

索　引

——編著者略歴——

鈴木　達也（すずき　たつや）
1986 年　名古屋大学工学部電子機械工学科卒業
1988 年　名古屋大学大学院工学研究科博士前期課程修了（電子機械工学専攻）
1991 年　名古屋大学大学院工学研究科博士後期課程修了（電子機械工学専攻），工学博士
1991 年　名古屋大学助手
1998 年　カリフォルニア大学バークレー校客員研究員
2000 年　名古屋大学大学院助教授
2006 年　名古屋大学大学院教授
　　　　　現在に至る
2013 年　JST CREST EMS 領域 研究代表者
2019 年　名古屋大学未来社会創造機構・モビリティ社会研究所長（兼務）

稲垣　伸吉（いながき　しんきち）
1998 年　名古屋大学工学部電子機械工学科卒業
2000 年　名古屋大学大学院工学研究科博士前期課程修了（電子機械工学専攻）
2003 年　東京大学大学院工学系研究科博士後期課程修了（精密機械工学専攻），博士（工学）
2003 年　名古屋大学大学院助手
2007 年　名古屋大学大学院助教
2008 年　名古屋大学大学院講師
2015 年　名古屋大学大学院准教授
2020 年　南山大学教授
　　　　　現在に至る

車両の電動化とスマートグリッド
Electrification of Vehicles and Smart Grid
　　　　　　　　　© Tatsuya Suzuki, Shinkichi Inagaki et al.　2020

2020 年 12 月 11 日　初版第 1 刷発行　　　　　　　　　　　★

検印省略	編 著 者	鈴　木　達　也
		稲　垣　伸　吉
	発 行 者	株式会社　コ ロ ナ 社
		代 表 者　牛来真也
	印 刷 所	壮光舎印刷株式会社
	製 本 所	株式会社　グ リ ー ン

112-0011　東京都文京区千石 4-46-10
発 行 所　株式会社　コ ロ ナ 社
CORONA PUBLISHING CO., LTD.
Tokyo Japan
振替00140-8-14844・電話(03)3941-3131(代)
ホームページ　https://www.coronasha.co.jp

ISBN 978-4-339-02774-7　C3354　Printed in Japan　　　　　（齋藤）

エコトピア科学シリーズ

■名古屋大学未来材料・システム研究所 編（各巻A5判）

シリーズ　21世紀のエネルギー

■日本エネルギー学会編　　　　　　　　（各巻A5判）

以下続刊

新しいバイオ固形燃料 ― バイオコークス ―　井田民男著

定価は本体価格+税です。
定価は変更されることがありますのでご了承下さい。

||||||||||||||||||||||||||||||||||||||　図書目録進呈◆

システム制御工学シリーズ

（各巻A5判，欠番は品切です）

■編集委員長　池田雅夫
■編集委員　足立修一・梶原宏之・杉江俊治・藤田政之

定価は本体価格＋税です。
定価は変更されることがありますのでご了承下さい。

‖‖‖‖‖‖‖‖‖‖‖‖‖‖‖‖‖‖‖‖‖‖‖‖‖　図書目録進呈◆

モビリティイノベーションシリーズ

（各巻B5判）

- ■編集委員長　森川高行
- ■編集副委員長　鈴木達也
- ■編　集　委　員　青木宏文・赤松幹之・稲垣伸吉・上出寛子・河口信夫・
- （五十音順）　　佐藤健哉・高田広章・武田一哉・二宮芳樹・山本俊行

　交通事故，渋滞，環境破壊，エネルギー資源問題などの自動車の負の側面を大きく削減し，人間社会における多方面での利便性がより増すと期待される道路交通革命がCASE化である（C：Connected，A：Autonomous，S：Servicized，E：Electric）。現在は自動車の大衆化が始まった20世紀初頭から100年ぶりの変革期といわれている。

　本シリーズは，四つの巻（第3，5，1，4巻）をCASEのそれぞれの解説にあて，さらにCASE化された車を使う人や社会の観点から社会科学的な切り口で解説した一つの巻（第2巻）を加えた全5巻で構成し，多角的な研究活動を通して生まれた「移動学」ともいうべき統合的な学理形成の成果を取りまとめたものである。この学理が，人類最大の発明の一つである自動車の変革期における知のマイルストーンになることを願っている。

シリーズ構成

定価は本体価格+税です。
定価は変更されることがありますのでご了承下さい。

図書目録進呈◆